背後齡

健身美型的最後拼圖 1日3分鐘×2週「反轉手心」
就能剷除背肉、矯正駝背，還能減齡10歲！

You'll get thinner once you start "ayayoga"!

Shufunotomosha

Prologue 前言

「腰圍 51公分，簡直太不可思議了！」

——我經常會從瑜伽教室的學生，或是前來參加瑜伽活動的與會者口中聽到這一句驚嘆。

現在，我以「瑜伽創作者」之姿活躍於健身美體領域，然而，其實以前的我一直是個不擅長運動的女孩。曾經是標準文科生、學生時代是合唱團成員的我，日後竟然會如此熱衷於瑜伽領域之中，真是始料未及。如果十八年前的自己看到我現在的模樣，必定也會大吃一驚吧。

那樣不愛運動的我，為什麼會與瑜伽相遇？——且讓我娓娓道來。

在日本栃木縣出生成長的我，後來前往美國留學。因為一下子變換成西式飲食，才三個月就變胖了20公斤。

「每次我說『以前很胖』時都沒有人願意相信，所以這次特別獻上自己的黑歷史（笑）。這就是我以前的真實模樣。」

留學之前身型就不算纖細的我，這下子整個臉更是腫成大餅臉，急遽變化之大，大概是認識的人看到我都會驚訝「你是誰？」的程度。

話雖如此，當時的我卻很懶散，就算一直不斷變胖、心裡知道「好像有點不妙」，但也只是想辦法用服裝打扮來掩飾過去。即使覺得「糟糕了」，卻依然沉溺於享受美食的世界……減肥總是從吃完這一餐之後下次再開始。變胖不只是身體變重而已，我的咬合開始有點問題，甚至出現顳顎關節症的狀況。

就在那樣放縱的留學生活中，某天我發生了交通意外，結果造成大腦挫傷，傷勢嚴重的我甚至在病床上昏迷不醒三天——。即使恢復意識之後，我也沒辦法走路，當然也無法回日本治療，簡直是跌入黑暗谷底的處境。當時，為了復健而嘗試做瑜伽，那就是我與瑜伽最初的相遇。

從「什麼是冥想？」開始——就這樣，我懵懵懂懂地從零出發，踏入了學習瑜伽的領域。「完全搞不懂，根本沒辦法跟上老師的指導！」一開始也會覺得挫敗不已。但是，在某天參加的瑜伽課程中，老師那句「就算一生一次也好，想不想看見自己最完美的體態？」，深深觸動了我的心！

身為女孩，心中當然經常會有想要變美的念頭。但是，過去身型臃腫的我總是有些自卑，覺得要承認自己「想要變美！」是一件羞恥的事情。

但是，在開始練習瑜伽之後身體逐漸有些細微的改變，就在那一刻，老師那句話完全印刻在我的心頭上，終於，我能夠打從心底肯定自己「想要變美」、「想要更接近理想的身體！」的想法。

結果，開始練習瑜伽的三個月左右，我成功回到了留學前的體重！最高曾經重達63公斤的身體慢慢地瘦下來，現在的體重是42公斤。特別緊實有感的腰腹部位，始終保持在51～53公分的腰圍範圍。

還有，對於任何事情都「追求極致」的我，更是一步步深入瑜伽的學問領域，學習各式各樣流派，最後終於站上指導者的位置。

會是運動白痴的女孩，竟然會成為瑜伽老師！

一路走來，至今我指導過的學生已超過三十萬人，現在還被學生們稱為是「超難預約的瑜伽教室」，實在是託各位的福。

瑜伽不僅有助於打造充滿女性魅力的身型曲線，更能夠改善肩頸僵硬和虛冷不適的身體問題。比起健身房那些高強度的運動，相較之下瑜伽似乎看起來較為溫和、門檻較低，或許是因為這樣，瑜伽初學者大多是熟齡女性居多，我的學生也幾乎都是四十歲以上的女性。

長年跟這些學生互動、觀察他們的身體狀況，總結出一個心得。我發現，大部分的人都是「背部拱成一大坨、後背肌肉缺乏運動」，許多女性的背部鬆垮無力，也有不少圓肩駝背的問題，實在非常可惜。

「看著學生的模樣，我真切體會到『只要對自己的身體抱持興趣，就會越來越美麗！』」

我認為，背部的模樣會如實顯示出身體年齡，也會左右整個人的印象！

背部肌肉緊實伸展的漂亮姿勢，不只提升美人度，也顯示出自信滿滿的姿態。不過相反地，去泡溫泉的時候，常會看到身體背面和正面有不小落差的情況，例如遇到後背至臀部肌肉下垂的人時，心中想著「應該是年紀較大的長輩」，結果看到正臉才發現是二十多歲的年輕人；遇到背部線條緊實的人，覺得「這一定是年輕人吧」，結果卻是五十多歲的女性。這種情況並不少見。

我們沒辦法仔細端詳自己的背部，也無法以眼睛確認這個部位的衰老鬆弛。加上很少人懂得有意識的去使用背部肌肉，疏忽之下，背部就隨著時間一天天老去。其實，每個人原本就都有背部肌肉，只是一旦這些肌肉長期缺乏運動，身體就會自行判斷「這裡不需要肌肉」，然後進入休眠狀態。此外，背部基本上是會被衣服遮蔽住的部位，因此大家也很容易疏於保養。

再加上電腦和手機的普及，現代人經常長時間保持向前緊繃的姿勢，後背肌肉難逃被迫向前方拉扯的宿命，只得長期呈現緊張的狀態。背部肌肉變得硬邦邦，導致身體循環變差，代謝力也隨之下降。正因為這裡的肌肉幾乎不會被使用到，最後就成了既僵硬卻又鬆垮無力的背。長期不使用背部的情況下，不只姿勢不良、呼吸短淺，還會對內臟造成極大負擔，簡直可以說是陷入無止盡的惡性循環中。

但是，請各位安心。其實只要多花一些心思給過去被自己忽略的背部，整個身體都會發生驚人的變化！

為什麼只要刺激背部就會變瘦？——祕密將在之後為各位詳細解答，我希望大家先把理論放一邊，首先第一步就是讓身體動起來。

這次，我聚焦在「背部」，設計出一套能夠使身體有效率運動的體操。而且，不管是身體僵硬的人、沒有運動經驗的人，都可以做得到！——這就是本書即將要向各位介紹的「ayayoga美體訓練」。

一提到刺激背部，或許很多人會馬上聯想到「背肌運動」，但是在本書ayayoga的訓練中，並不需要像是「以趴俯姿勢將上半身提起」之類的高強度運動。只要將意識專注於背部、使用這個部位，就能夠給予背部足夠的刺激。

應該會有些人感到不解：「所謂的『使用背部』，應該怎麼做才對？」就我自己來說，當年身型肥胖的時候，我連自己肩胛骨的位置在哪裡都不知道，即使聽到老師說「從肩胛骨帶動手臂的動作」，也總是疑惑「到底是哪裡啊？」經常搞不清楚狀況。

但是，答案很簡單。其實就是將手臂向後方張開、打開胸口而已。不過，並不是單純將手臂向後方張開，還要藉由「反轉手心」來加強胸口打開的程度、使肩胛骨向內收攏，同時也廣泛地連動到身體側面和手臂內側等部位。

「明明是瑜伽專家，卻只是做這麼簡單的體操？」或許各位的心中會浮現出這個問號。

考量到大家「想要變美！」的心情，我所能夠提供的幫助，就是盡可能地讓「簡單」發揮最大的效用。

不管是誰都能持續下去，而且姿勢越來越端正、身型曲線變得緊實俐落——本書介紹的「ayayoga美體訓練」究竟有沒有效，一開始我就讓教室的學生們嘗試看看。結果，雖然每個人的情況略有差異，但是二週內所有學生的背部都明顯變得纖薄，腰線也出現了！實現凹凸有致的漂亮曲線，不再只是空談的夢想。

藉由手心反轉、打開胸口，「腰圍變得緊實了」、「身體暖和起來」、「舒緩了肩頸的痠痛不適」——只要覺知到這些細微的變化，活動身體的這件事就會變得更加開心有趣，不知不覺連心靈都跟著積極正向起來。

話就說到這裡，請大家跟著我開始鍛鍊一直以來被忽略的背部，期待持續進化的自己吧！

tents

part 2 針對背部最有效！ ayayoga美體訓練決定版

tents

Why?

能夠在短時間內改變身體曲線的祕密，

就是刺激背部！

許多人一提到「想變瘦」或「好想練出腰線」時，
經常把鍛鍊的重點專注在腹部上，
不過，其實聚焦於背部才是擁有曼妙曲線的最佳捷徑。
背部是我們一直以來
不曾認真使用過的「未開發之地」，
只要好好耕耘它，腰圍50cm左右將不再是夢想！

Why?

爲什麼只要刺激背部就會帶來極大的效果？

1

因爲這裡是平常「沒有在使用」的部位

走路時、坐著時、站起來時，在日常生活之中，你會經刻意地去使用背部肌肉嗎？應該大多數人的答案都是「NO」吧。還有，雖然別人都可以看見自己的背部，但是一般人應該幾乎沒有認真檢視過自己的背部吧。駝背的人、塌腰的人、內衣周邊溢出顯眼贅肉的人這些「很抱歉」的狀態，其實全部都是由於背部缺乏使用所造成的結果。

在我們的後背，存在著支撐身體的大肌肉群。如果長期不使用它們，不僅姿勢變差、體型鬆垮而已，還會導致肩膀僵硬或腰痛等不適問題，不過，只要持續給予背部肌肉刺激，很容易收到不錯的效果。正是因為到目前為止一直都沒有好好使用過它，所以只要一些刺激，馬上就能獲得回報。

2

因爲可以活化肩胛骨周邊的「棕色脂肪細胞」

大部分沒有在使用背部的人，肩膀容易向內翻、呈現像貓拱起上背一樣的駝背姿態，也就是所謂的「圓肩」。其中也有許多人無法流暢地進行手臂動作，原因就在於背部，也就是肩胛骨周圍的肌肉太過於僵硬的關係。

為此，我特別設計出一套能夠集中刺激肩胛骨部位的「ayayoga美體訓練」。大家都知道，背部存在著許多「棕色脂肪細胞」，它們能夠使脂肪燃燒更加容易。藉由運動肩胛骨周圍的肌肉來活化這些棕色脂肪細胞，進一步促進新陳代謝。據說，除了肩胛骨周圍以外，在頸部底部和脊椎的周圍也有著許多棕色脂肪細胞存在。這些正好也是本書「ayayoga美體訓練」會雕塑到的部位！然而，棕色脂肪細胞會隨著年齡的增長而減少，並且不會再增加，因此重點就在於經常給予刺激以活化它們的運作。還有，它們是會產生熱能的細胞，如果運動肌肉之後身體變得暖和，就是有效傳遞刺激的最佳證據。

3

因爲姿勢端正了、肋骨牽引上提的緣故

一旦身體呈現駝背姿勢，內臟器官會受到擠壓、肋骨也外翻下垂，導致身體扭曲歪斜。肋骨過度打開的人，幾乎都是沒有腰線的水桶體型。腰腹周圍的贅肉鬆弛下垂，一圈圈、一層層地交互疊加在一起。

藉由給予刺激、鍛鍊背部，可以學會如何正確使用肌肉，並且改善駝背的狀況。只要姿勢端正了，肋骨也會回到正確的位置，找回緊實又俐落的動人腰線。過去下垂衰弱的內臟器官，此時運作起來也會變得順暢有效率，身體由裡到外都更加健康。

深蹲」而已

美背革命

→ After

光是2週就能
改頭換面！

part I

只要做「早安體操」和「展臂式

20～60歲的

Before —

想要追求「纖瘦」、「腰線」和「變美麗」，應該專注鍛鍊的地方就是背部。背部明明就位在身體的中心，卻經常被疏忽不用，因此，我把可以高效率刺激背部的動作，設計成二個體操。

體驗者在實踐之後，身體的各部位(例如腰部、臀部、上臂等)都發生了驚人的變化！

Key Point!

容易被輕忽的背部！只要專注鍛鍊這部位，

2週就能練出漂亮曲線

意外地容易受到他人注視、但是通常自己卻未曾好好凝視過的背部，其實會殘酷地顯示出一個人的身體年齡或身型的鬆弛狀況。

而且，即使背部分布著具有支撐身體功能的重要肌肉群，大家卻通常都沒有自覺要去刻意使用它。正因如此，喚醒沉睡肌肉是非常重要的關鍵。

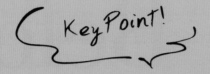

所謂的「後背鬆垮」，看起來就是這個樣子！

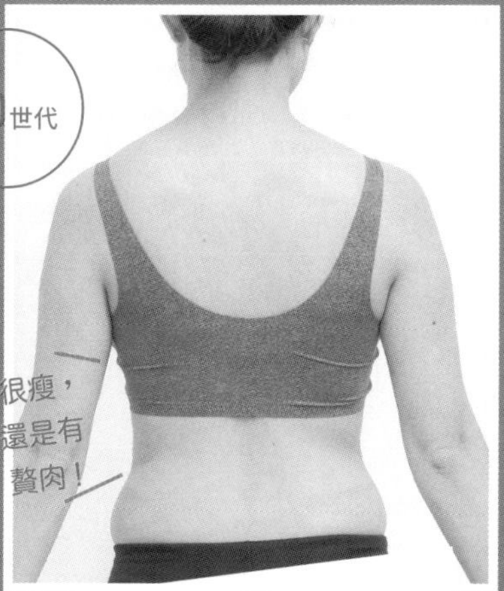

20世代

即使很瘦，看起來還是有贅肉！

20世代

肩胛骨被肉埋住了，看不到！

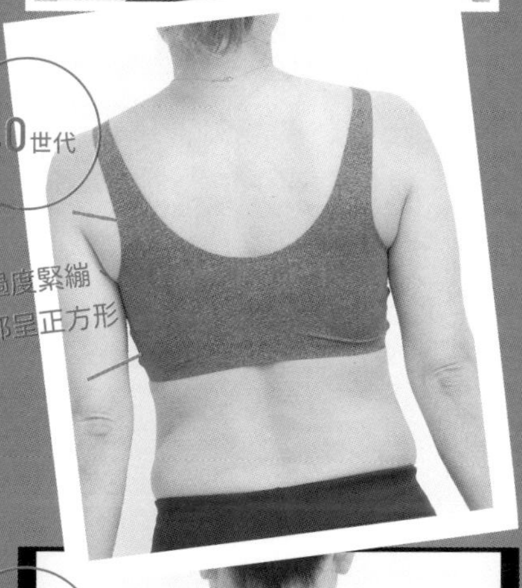

40世代

肩膀過度緊繃，背部呈正方形

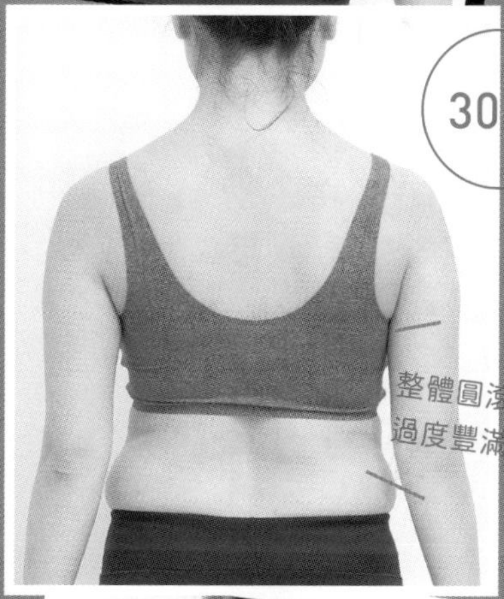

30世代

整體圓滾滾，過度豐滿的感覺

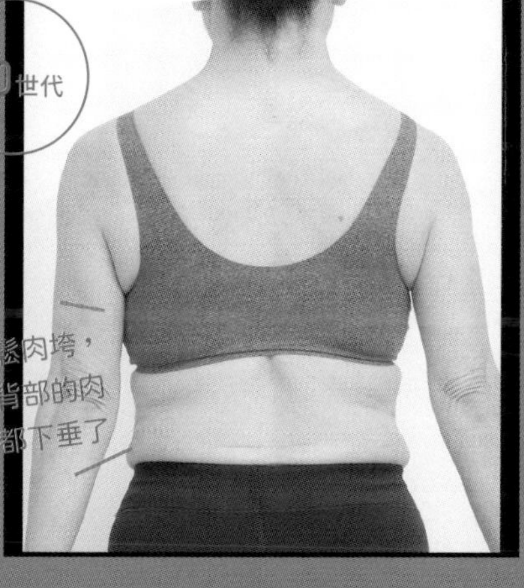

60世代

變得皮鬆肉垮，整個背部的肉都下垂了

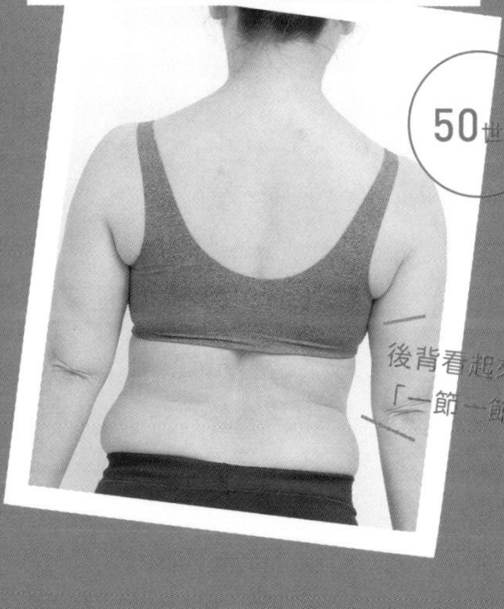

50世代

後背看起來「一節一節」的！

1日3分×
2週

只要2個動作，極有效率地給予背部刺激！

基本原則

- ☑二週間持續每天都要練習
- ☑沒有特別的飲食限制

一提到背部鍛鍊，應該有許多人會先想到使上半身向後仰的「背肌」，然而，那麼做不只容易導致腰部疼痛，而且事實上那個動作並沒有使用到太多的背部肌肉。

在此向各位介紹的ayayoga，是藉由運動肩胛骨周圍肌肉帶來全身性的刺激。就像是朝向太陽、打開胸口充滿朝氣地打招呼「早安！」一般，就是如此簡單。雖然沒有什麼困難的動作，不過特徵在於以「反轉手心」來加強給予整個身體的負荷力，進一步提升刺激效果。只要每天持續練習，就能夠增強背部的柔軟度，成為代謝活絡的健康身體。

ayayoga美體訓練

基本

I

至少一定要做到這個!

早安體操

反轉手心、大大地打開胸口以運動肩胛骨周圍的動作，就是「早安體操」。只要持續一分鐘，你會發現身體變得暖和起來，感覺到全身的循環代謝獲得改善。動作重點在於，徹底張開手指、從大拇指帶動整個手掌向後反轉。

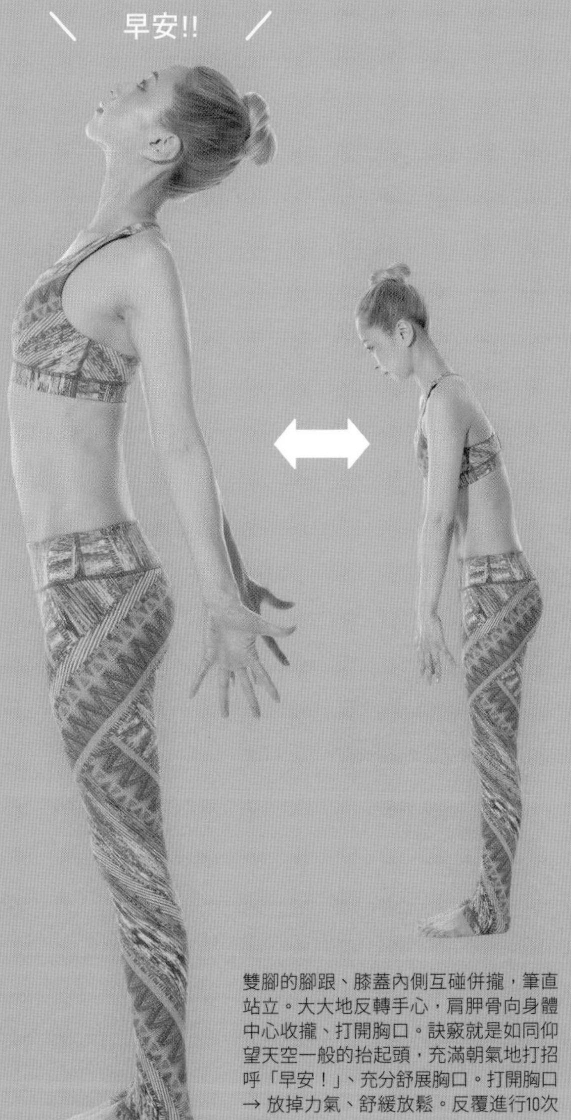

雙腳的腳跟、膝蓋內側互碰併攏，筆直站立。大大地反轉手心，肩胛骨向身體中心收攏、打開胸口。訣竅就是如同仰望天空一般的抬起頭，充滿朝氣地打招呼「早安！」、充分舒展胸口。打開胸口→ 放掉力氣、舒緩放鬆。反覆進行10次以上。

更詳細的做法和效果，請參照第42頁介紹！ to be continued!

ayayoga美體訓練
基本
2

展臂式深蹲

結合上半身伸展和下半身肌耐力訓練的組合動作，就是「展臂式深蹲」。將雙手十指相扣、手心向外反轉，可以充分伸展到手臂的內側，進一步帶動後背和全身的刺激效果。深蹲可強化下半身肌肉，使腿部線條變得修長漂亮，效果令人驚喜！

基礎

雙腳的腳跟、膝蓋內側互碰，筆直站立，手臂抬高至肩膀高度，雙手十指相扣。臀部向後方推出，反轉手心，手臂盡可能地向前方伸展。消除手臂關節的阻滯堵塞，進而提升新陳代謝。膝蓋不要突出超過腳尖的位置。

扭 轉

臀部向後方推出，反轉手心，手臂往左右橫向伸展。為了保持身體重心平穩，能夠鍛鍊到大腿內側肌肉，進而達到提臀效果。此時，如果膝蓋倒向左右兩邊或是雙膝分開， 屬於NG動作，注意只要扭轉上半身就好。

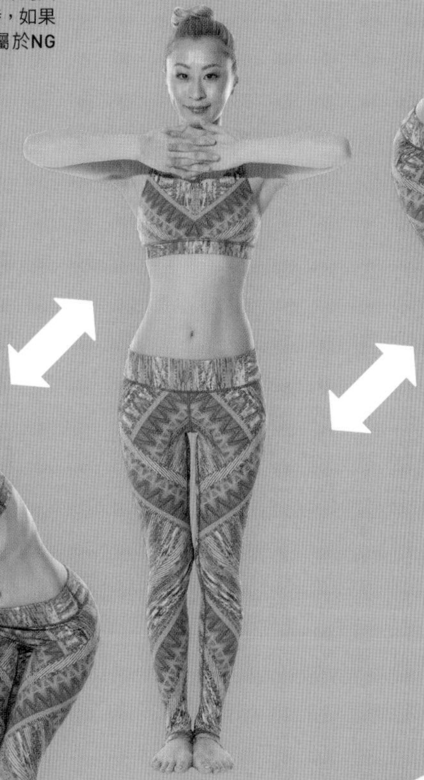

練習這二個體操
會帶來什麼驚人成果，
請看下一頁！

更詳細的做法和效果，請參照第46頁介紹！

to be continued!

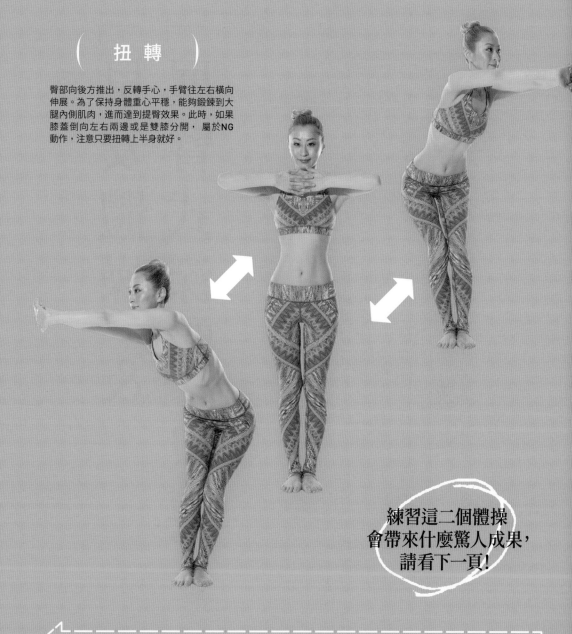

體驗者的經驗分享

ayayoga美體訓練

「早安體操」&「展臂式深蹲」只要2週就看到效果！

各年齡層的女性（20多歲～60歲）都來挑戰這一套能夠極有效率地刺激背部的「ayayoga美體訓練」。儘管他們平日經常以瑜伽或是到健身房重訓等方式來運動身體，不過這卻是第一次特別針對「背部」加強鍛鍊。沒有規定練習次數，也沒有任何飲食限制，但是身體卻發生驚人變化，尤其是腹部、臀部和上臂！短短二週的實踐，為他們的體型帶來什麼樣轉變？請各位見證。

能夠持續的理由！

基本原則

□ 飲食跟平常一樣就OK

沒有特別的飲食限制。請抱持著「為了身體好應該吃什麼才對」的擇食觀念！

□ 就算「短時間」也要每日做到！

體操沒有「練習次數」的限制。利用空檔時間，開心去做就對了！不要勉強自己過度練習。

□ 全心專注於自己的背部

當身體在動作時，同時把「我正在使用背部」的意識傳遞到大腦，效果更顯著UP。

緊實提臀&漂亮曲線出現了!!

針對背部集中鍛鍊，能夠使身體的姿勢變端正，同步達到重整曲線的效果。
另外，臀部的肌肉也會向上拉提，練出迷人的緊實翹臀。

改善圓肩拱背！

肩膀向前內旋的狀況，就是背部缺乏使用的證據。此外，長期使用智慧型手機和電腦，也會導致肩膀歪斜不正。鍛鍊之後，就能找回挺拔的美姿儀態。

柔軟度UP！

如果肌肉長期缺乏使用，就會變得僵硬、血液循環不良。藉由這二個體操的練習，大量活動背部肌肉，使它們變得靈活有彈性、改善血液循環。

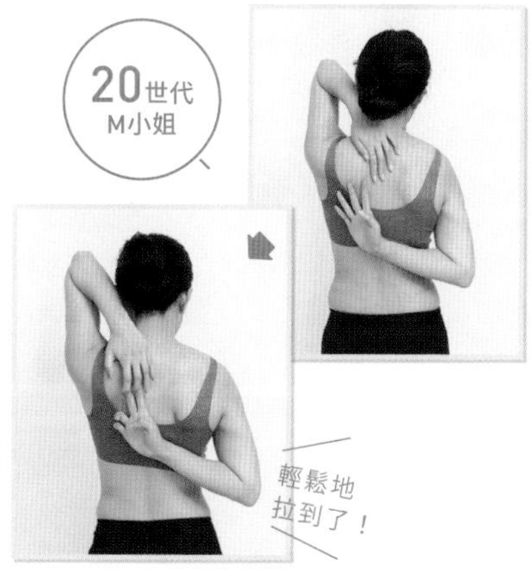

※請注意：練習效果因人而異。

20世代

Y小姐（26歲）

腰腹圍小一圈，肩膀和上臂變纖細了！

「因為工作需要長時間站立，經常腰痛難忍，結果開始練習體操四天之後，疼痛不適感得到緩解。一週之後，肩線變得俐落緊實，腰線也……。即使穿上比較合身的針織上衣，也不必再擔心會給人臃腫的感覺。」

After
Before
腰圍
-8cm
肚子周圍凸出一圈贅肉
贅肉減少，腰線出現！

手腕位置向前方突出
肩膀回到正位，手在身體正兩側

	Before	After	
上胸圍	89.0cm →	89.0cm	±0cm
下胸圍	75.2cm →	71.8cm	-3.4cm
腰圍	75.6cm →	67.6cm	-8.0cm
下腹圍	94.0cm →	87.4cm	-6.6cm
臀圍	98.0cm →	94.5cm	-3.5cm
上臂圍	(右)28.8cm →	(右)28.1cm	-0.7cm
	(左)29.3cm →	(左)27.5cm	-1.8cm
大腿圍	(右)59.0cm →	(右)56.6cm	-2.4cm
	(左)58.6cm →	(左)56.4cm	-2.2cm

20世代

M小姐（27歲）

改善塌腰凸腹，更接近儀態美人了!?

「因為長時間面對電腦，很容易變得駝背又聳肩。除了練習這二個體操，我也留意保持正確的站立姿勢，背肌得到伸展，之前凸出來的肚子好像縮進去了。而且精神變好、不容易累，真是令人開心的附加效果。」

After
Before
腰圍
-3.2cm
腰腹周圍有
贅肉堆積……
身體曲線變得
俐落緊實

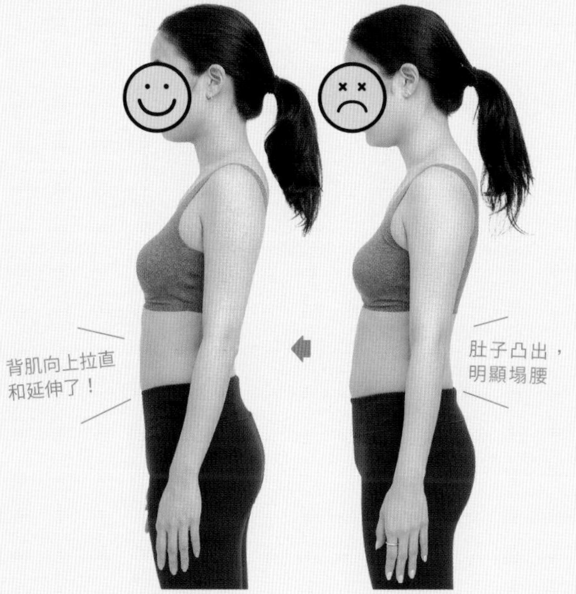
背肌向上拉直
和延伸了！
肚子凸出，
明顯塌腰

能夠在後背
合掌了!!

	Before	After	
上胸圍	79.2cm →	79.0cm	-0.2cm
下胸圍	68.6cm →	66.3cm	-2.3cm
腰圍	66.2cm →	63.0cm	-3.2cm
下腹圍	81.4cm →	83.6cm	+2.2cm
臀圍	88.9cm →	87.5cm	-1.4cm
上臂圍	(右)25.5cm → (左)26.2cm →	(右)23.6cm (左)24.4cm	-1.9cm -1.8cm
大腿圍	(右)50.4cm → (左)50.6cm →	(右)48.9cm (左)48.4cm	-1.5cm -2.2cm

After
Before
頸部到肩膀的
線條顯得臃腫
出現鎖骨，
脖子看起來
纖長
腰圍
-4.3cm

30 世代

T小姐（36歲）

打開縮在一起的圓肩駝背，肩頸線條更漂亮！

「由於正值忙碌育兒的黑暗期，經常一整天都是前傾和駝背的姿勢。練習反轉手心、打開胸口的動作時，感覺到鎖骨周圍得到伸展，非常舒服。習慣洗澡之後做完體操再去睡覺，隔天早上起床時變得神清氣爽。」

柔軟度UP！

能夠在肩胛骨的高度合掌

雙手在後背交握也沒問題！

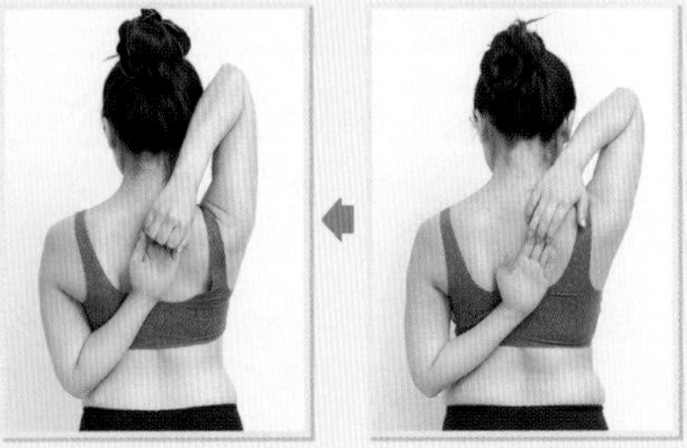

	Before		After	
上胸圍	81.5cm	→	82.6cm	+1.1cm
下胸圍	71.7cm	→	68.9cm	-2.8cm
腰圍	70.0cm	→	66.4cm	-3.6cm
下腹圍	80.7cm	→	76.4cm	-4.3cm
臀圍	89.4cm	→	87.4cm	-2.0cm
上臂圍	(右)21.5cm	→	(右)23.4cm	+1.9cm
	(左)25.4cm	→	(左)23.4cm	-2.0cm
大腿圍	(右)49.8cm	→	(右)48.3cm	-1.5cm
	(左)48.0cm	→	(左)45.9cm	-2.1cm

40 世代

S小姐（44歲）

背部變得柔軟有彈性，身型也顯得纖薄輕盈

「體驗的第一天剛好發生意外導致腰部疼痛，身體無法隨心所欲的運動，只好先以小動作慢慢練習，結果在一日日的練習過程中腰痛消失了。肩膀到後背的僵硬不適感也獲得緩解，手臂變得能夠流暢地動作。」

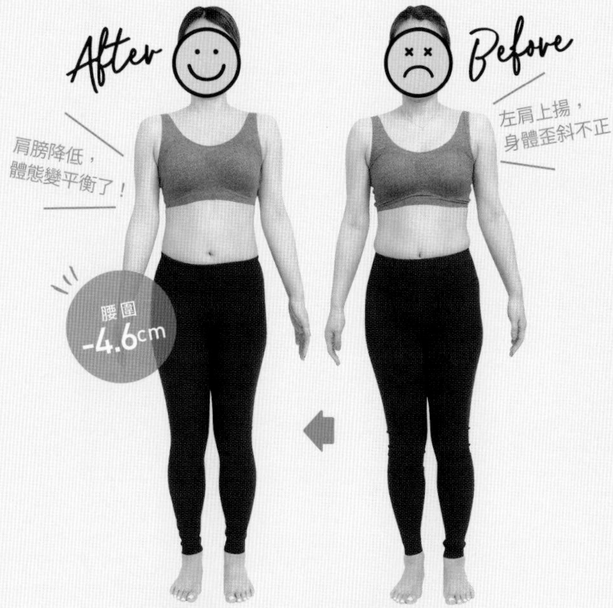
After
Before
肩膀降低，
體態變平衡了！
左肩上揚，
身體歪斜不正
腰圍
-4.6cm

側身看起來
變薄了！
給人大腹
便便的印象

柔軟度UP！
合掌的
位置提高

	Before	After	
上胸圍	84.5cm	83.5cm	-1.0cm
下胸圍	72.1cm	69.3cm	-2.8cm
腰圍	68.3cm	65.4cm	-2.9cm
下腹圍	81.0cm	76.4cm	-4.6cm
臀圍	88.7cm	86.4cm	-2.3cm
上臂圍	(右)26.0cm (左)24.5cm	(右)24.0cm (左)23.5cm	-2.0cm -1.0cm
大腿圍	(右)52.3cm (左)51.5cm	(右)51.5cm (左)51.3cm	-0.8cm -0.2cm

50世代

I女士（52歲）

改善循環不良問題，全身苗條小一圈

「原本以為都是簡單的動作，應該可以輕鬆完成挑戰……練習一週之後，整個背部都有疼痛感，真切感受到原來之前完全都沒有在使用背部。不只背部，臉部和上臂的線條也改變、臀部上提，超驚訝！」

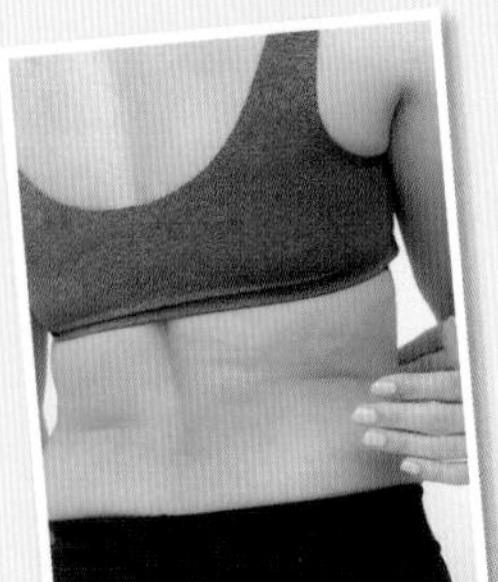

血液循環不良，手指碰觸身體之後會留下清晰的指印。

	Before	After	
上胸圍	83.5cm	79.5cm	-4.0cm
下胸圍	74.8cm	69.8cm	-5.0cm
腰圍	74.2cm	63.9cm	-10.3cm
下腹圍	84.0cm	79.0cm	-5.0cm
臀圍	89.0cm	84.0cm	-5.0cm
上臂圍	(右)28.5cm	(右)25.1cm	-3.4cm
	(左)29.0cm	(左)25.0cm	-4.0cm
大腿圍	(右)52.3cm	(右)48.3cm	-4.0cm
	(左)51.5cm	(左)49.6cm	-1.9cm

60世代

M女士（60歲）

持續樂於練習，花甲之年也能改變體態！

「從每天早安體操30次開始，當手臂不再感覺疲累的時候，我就會增加練習次數和強度。因為平時是在賣場做銷售的工作，可以抓緊空檔時間偷偷練習，同時也能舒緩腰部和肩膀的疲倦不適，真的很棒。」

After
Before
身型的線條模糊，
缺乏曲線
出現身型
曲線了！
臀圍
-4.9cm

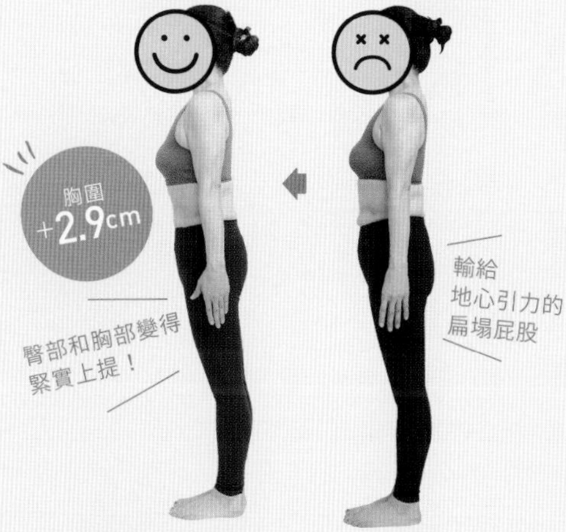
胸圍
+2.9cm
輸給
地心引力的
扁塌屁股
臀部和胸部變得
緊實上提！

肩胛骨的可活動區域擴大了！

	Before	After	
上胸圍	82.5cm	85.4cm	+2.9cm
下胸圍	73.3cm	72.7cm	-0.6cm
腰圍	71.0cm	68.5cm	-2.5cm
下腹圍	88.3cm	84.9cm	-3.4cm
臀圍	91.4cm	86.5cm	-4.9cm
上臂圍	(右)24.5cm	(右)22.3cm	-2.2cm
	(左)24.6cm	(左)22.7cm	-1.9cm
大腿圍	(右)49.5cm	(右)45.4cm	-4.1cm
	(左)49.5cm	(左)46.8cm	-2.7cm

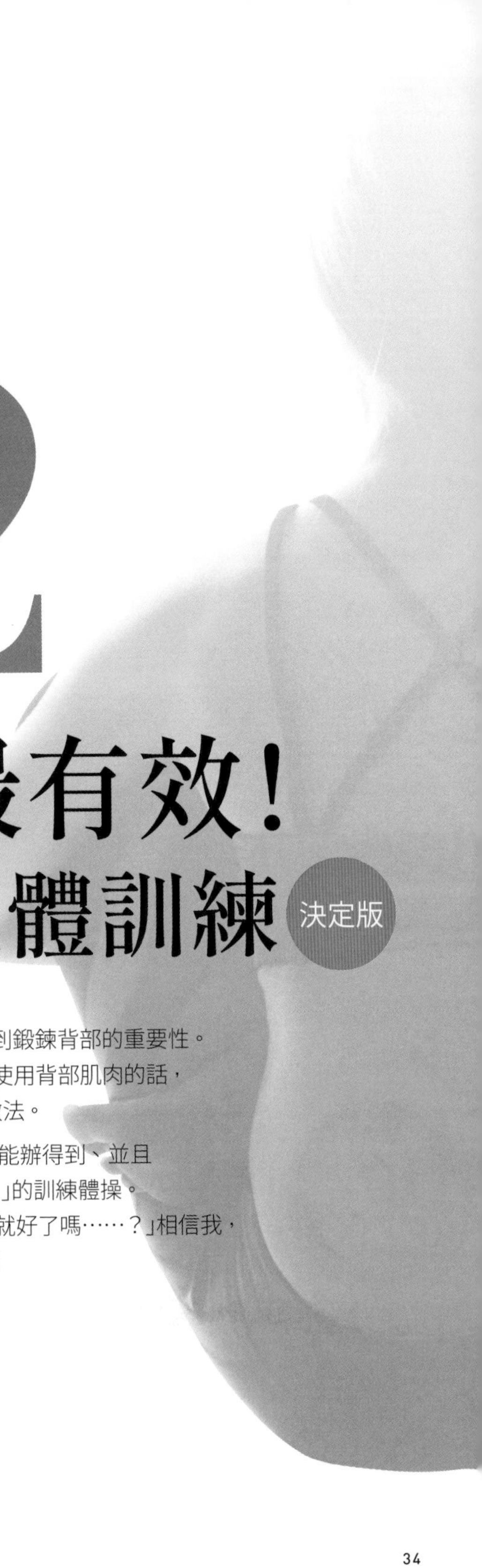

2

針對背部最有效！ayayoga美體訓練 決定版

看著瑜伽班的學生們，我再次認知到鍛鍊背部的重要性。
但是，如果以困難的動作來練習使用背部肌肉的話，
絕對是行不通的做法。

於是我設計出這一套每個人都能辦得到、並且
「雖然簡單，但是確實有效！」的訓練體操。
或許有人會懷疑：「做這麼簡單的動作就好了嗎……？」相信我，
真的這樣就好！

Key Point!

提升背部刺激效果的關鍵，

就在於反轉手心

想要使緊繃僵硬的背部恢復原有的彈性，打開位於背部另一邊的胸部（開胸）才是重點所在。
開胸體操不像「背肌運動」那麼高強度，每個人都能簡單辦到、也不會受傷，這個動作的重點就在於「反轉手心」！
究竟背部和手心之間有著什麼樣的關係？讓我為各位解答。

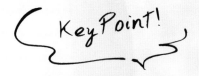

Why?

爲什麼反轉手心就可以提升刺激力UP？

當手臂呈自然向下的狀態時，通常，我們的手心都是朝向內側。少數會出現反轉手心的狀況，大概就是轉動門把或水龍頭的時候吧。其實，這個「反轉手心」的動作，就是可以運動到長期未使用的背部的關鍵！為什麼……？

1 以異於平常的動作給予大腦特別的刺激

在我們的日常生活中，很少出現反轉手心的動作，但是如果不做這個動作，身體內側的肌肉會逐漸變衰弱、不斷退化。就是因為平常都沒有使用，所以可以藉由張開指尖的伸展動作來告訴大腦「這裡是應該要活動的部位」。

2 以大拇指出發進行開胸動作，達到刺激腋下淋巴結的效果

我們全身的肌肉是相互串連、在彼此連動之下做出動作的。大拇指的肌肉會通過手臂內側，一路連接到肩膀底部的肌肉。此外，在肩膀底部和鎖骨周圍一帶，密集分布著眾多的神經和淋巴結。換言之，藉由大拇指的動作，其實能夠直接連動到乍看之下很遙遠的部位一起運作，幫助身體消除阻滯臃腫，使體內循環變得順暢。

How?

反轉手心，應該怎麼做才對？

轉動門把和鑰匙、或是扭動水龍頭的時候，雖然也是從手腕帶起旋轉的動作，不過並不會一路延伸至背部產生刺激。在此，為各位介紹能夠有效刺激背部的「反轉手心」實踐要點。

「反轉手心」的做法 1

只要反轉手掌心就好

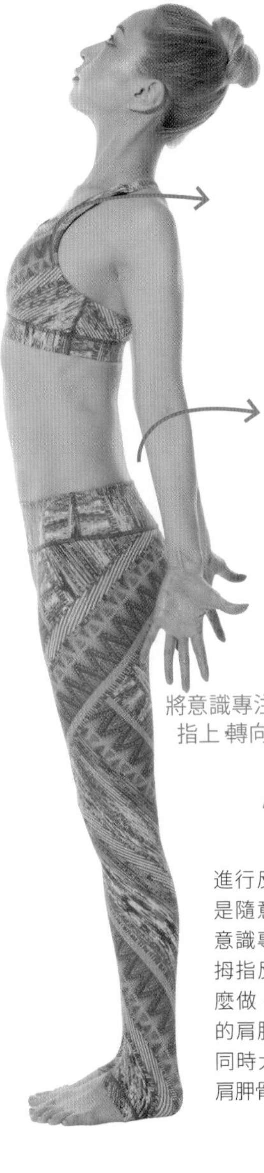

進行反轉手心的動作時，不是隨意地轉動手腕，而是將意識專注於大拇指上，把大拇指反轉朝向身體外側。這麼做，能夠使內旋、向前縮的肩膀由底部向外側打開，同時大大地舒展胸口，給予肩胛骨刺激。

「反轉手心」的做法 2

十指相扣的情況

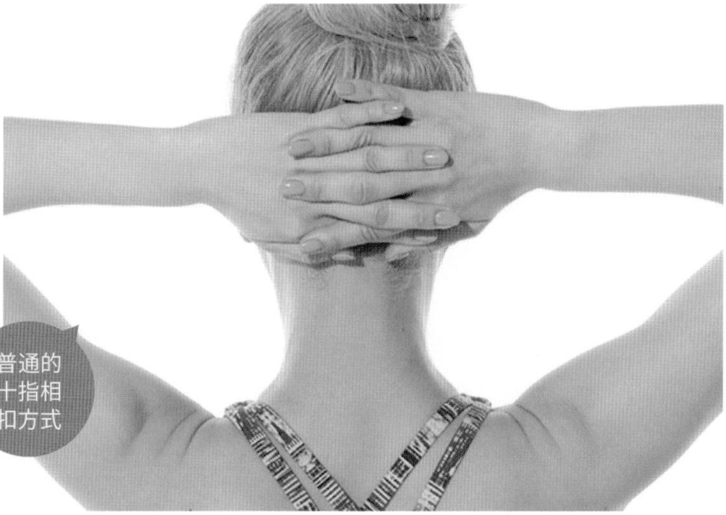

翻轉

首先，將雙手十指相扣在一起。保持雙手十指相扣的姿勢，從大拇指帶動手心向外翻轉，帶給身體的刺激一路由手臂內側直達肩膀底部，疏通阻塞不順的體內循環。

來，
一起做看看吧！

ayayoga 美體訓練 基本 >> 1

早安體操

在「反轉手心」的同時，雙臂朝向後方大大地敞開，大家可以想像自己朝向太陽、充滿朝氣地打招呼的模樣，以這種感覺來練習「早安體操」最好。肩胛骨向內收攏的姿勢，能夠給予背部刺激，對於瘦手臂也非常有效！

放鬆～

從正面看是這樣

雙腳的腳跟、膝蓋內側互碰併攏，筆直站立，從大拇指帶動手心反轉。此時，以手臂向外側旋轉的感覺，將肩胛骨向內收攏，打開胸口、伸展鎖骨。還有，抬頭仰望天空，「早安！」試著發出聲音打招呼，就會不由自主地綻放笑臉、心情愉快！接著自然地放掉力氣，「晚安～」全身放鬆。

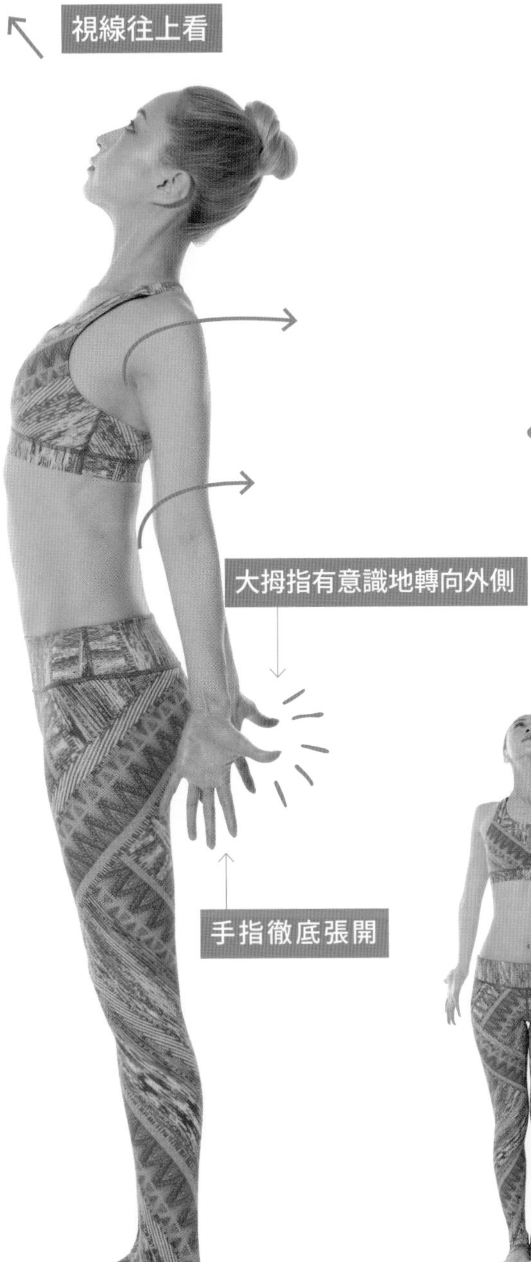

視線往上看
早安!!
大拇指有意識地轉向外側
手指徹底張開

動作時，注意手臂不要橫向左右打開，而是以收緊腋下的感覺「向後方拉」。此外，在習慣動作之後，試著專注於自己的呼吸方式上。打開胸口時，以鼻子吸氣；放掉力氣時，以鼻子呼氣。搭配深呼吸，促使新陳代謝更加速。

從正面看是這樣

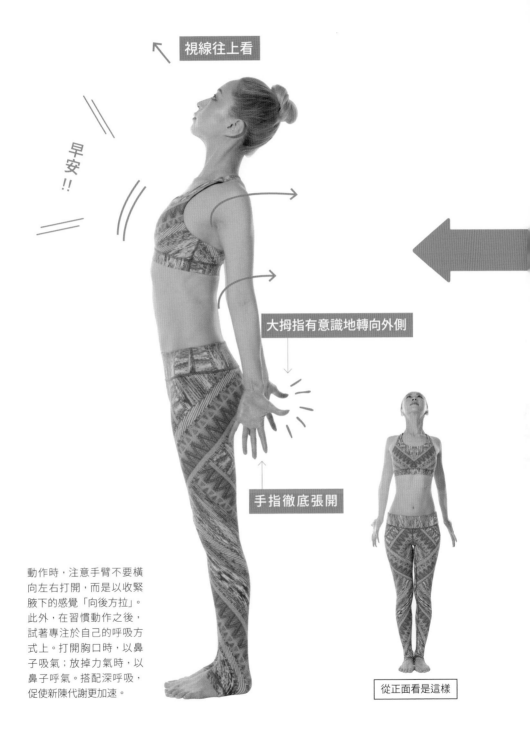

練習「早安體操」時應該注意的重點

Point 1

手指&關節要徹底張開！

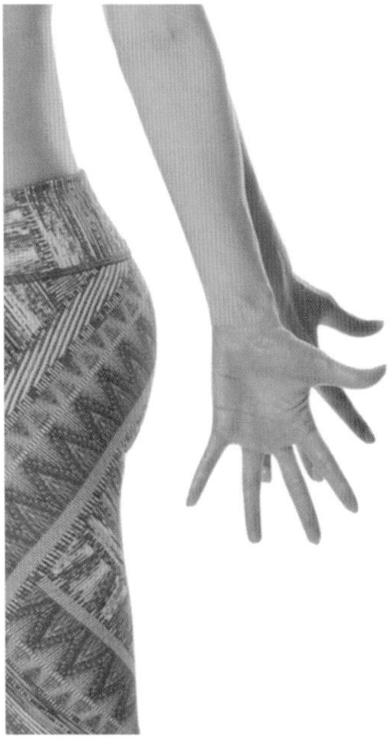

練習「ayayoga」時連關節也要充分伸展，我們的目標是代謝循環良好的健康身體。從肩膀一直到手肘、手腕、手指關節至指尖為止，都要伸展到極致。

Point 2

從肩膀開始動作，大大地打開胸口

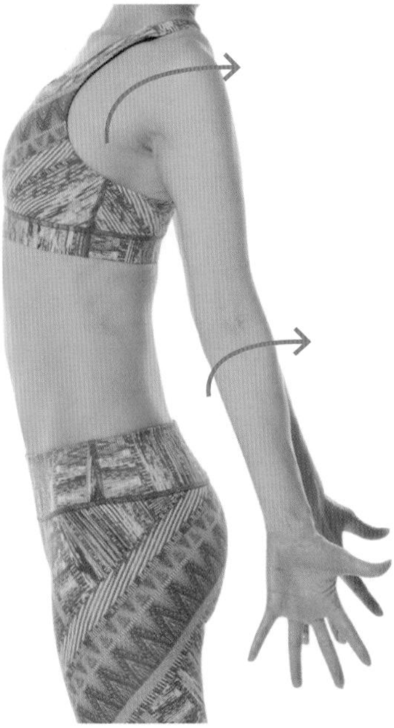

不只是手臂向後拉起而已，還要想像從肩膀根部出發、將手臂向外側扭轉的感覺，使肩胛骨確實運動到。同時，將刺激傳達至鎖骨周圍的肌肉，改善僵硬緊繃和循環阻滯的問題。

進階版

以手背拍手，效果更強烈！

熟悉「早安體操」之後，若想要提升強度的話，建議再加入將手臂向後拉、使肩胛骨更進一步向內靠攏的進階動作！這麼做，能夠給予背部更深入的刺激。

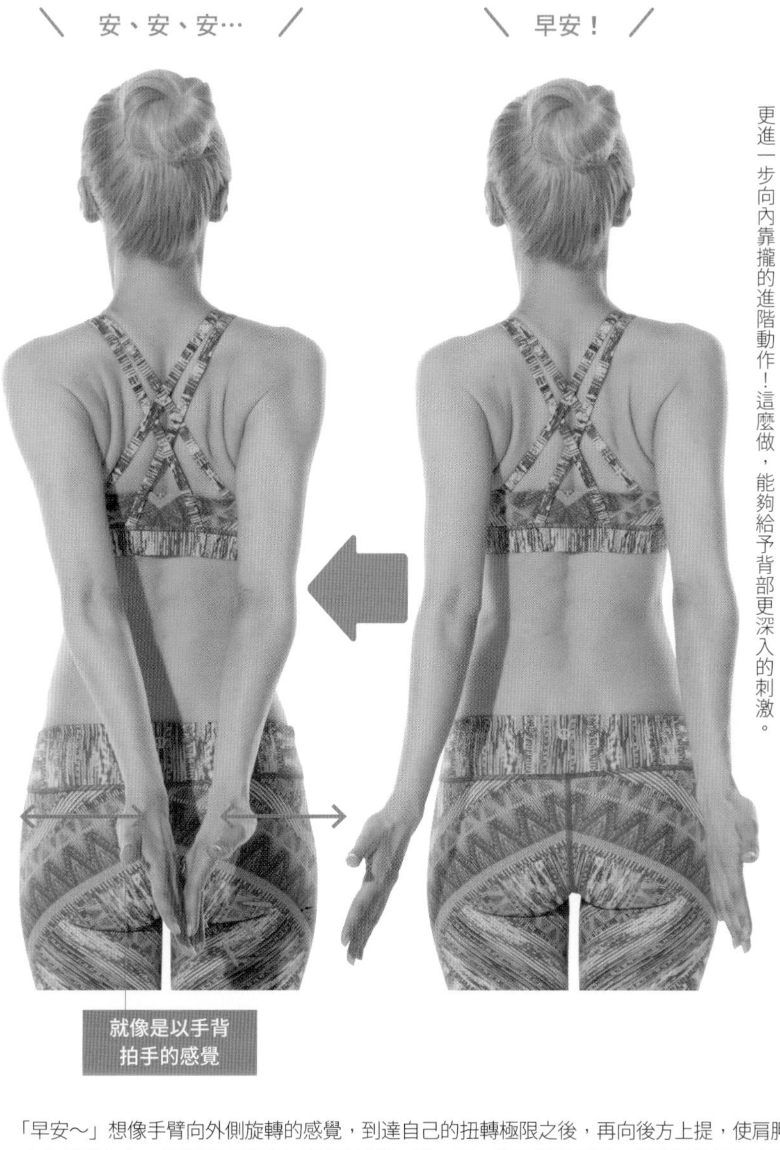

「早安～」想像手臂向外側旋轉的感覺，到達自己的扭轉極限之後，再向後方上提，使肩胛骨向內併攏收合。就像是以手背來拍手的感覺，啪、啪、啪的移動手臂。當背部的柔軟度提升之後，兩個手背就可以相互碰觸到了。此時，注意肩膀放鬆，不要因施力而聳肩上提。

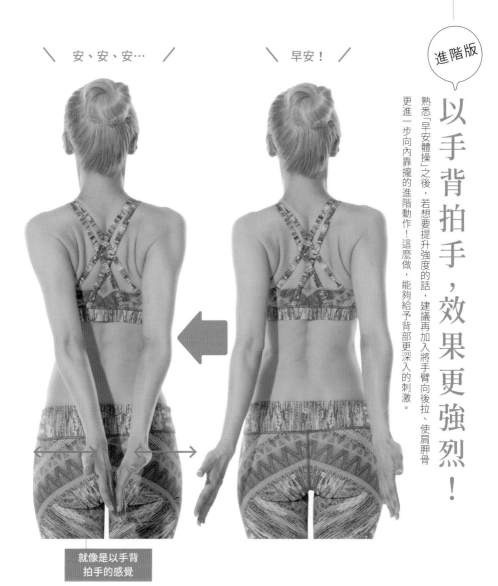

展臂式深蹲

在拉筋伸展的同時也進行肌力鍛鍊，可說是一石二鳥的體操。當手臂向前方拉長伸展時，手心也反轉向前方，同時間臀部向後方推、做出深蹲動作，因此很容易抓住重心，並且可以期待雕塑下半身線條的效果。

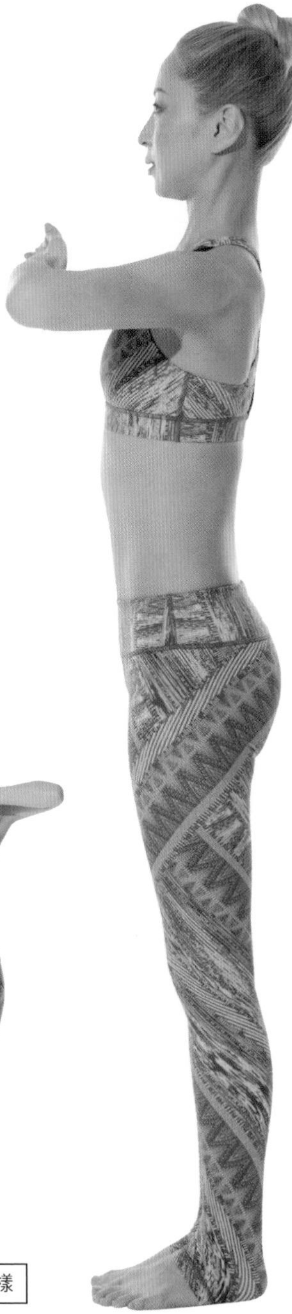

將手臂抬高至肩膀的高度，雙手在胸前十指相扣。雙腳的腳跟、膝蓋內側互碰併攏，筆直站立，接著將臀部向後方頂出，在手心反轉的同時將手臂向遠方延伸拉長。如果想像手臂向斜上方延展至遠方的話，肩膀就不會掉下去。

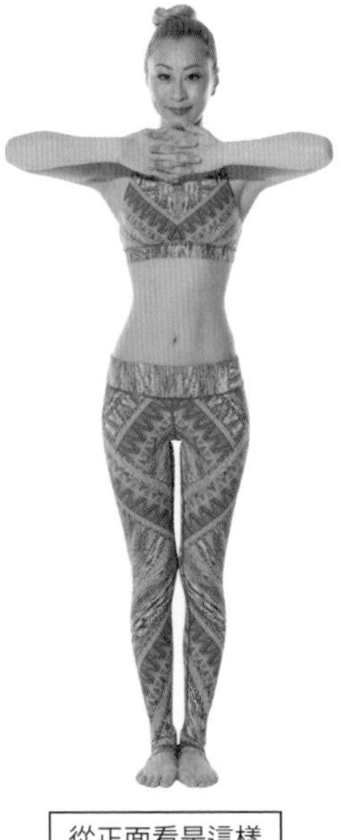

從正面看是這樣

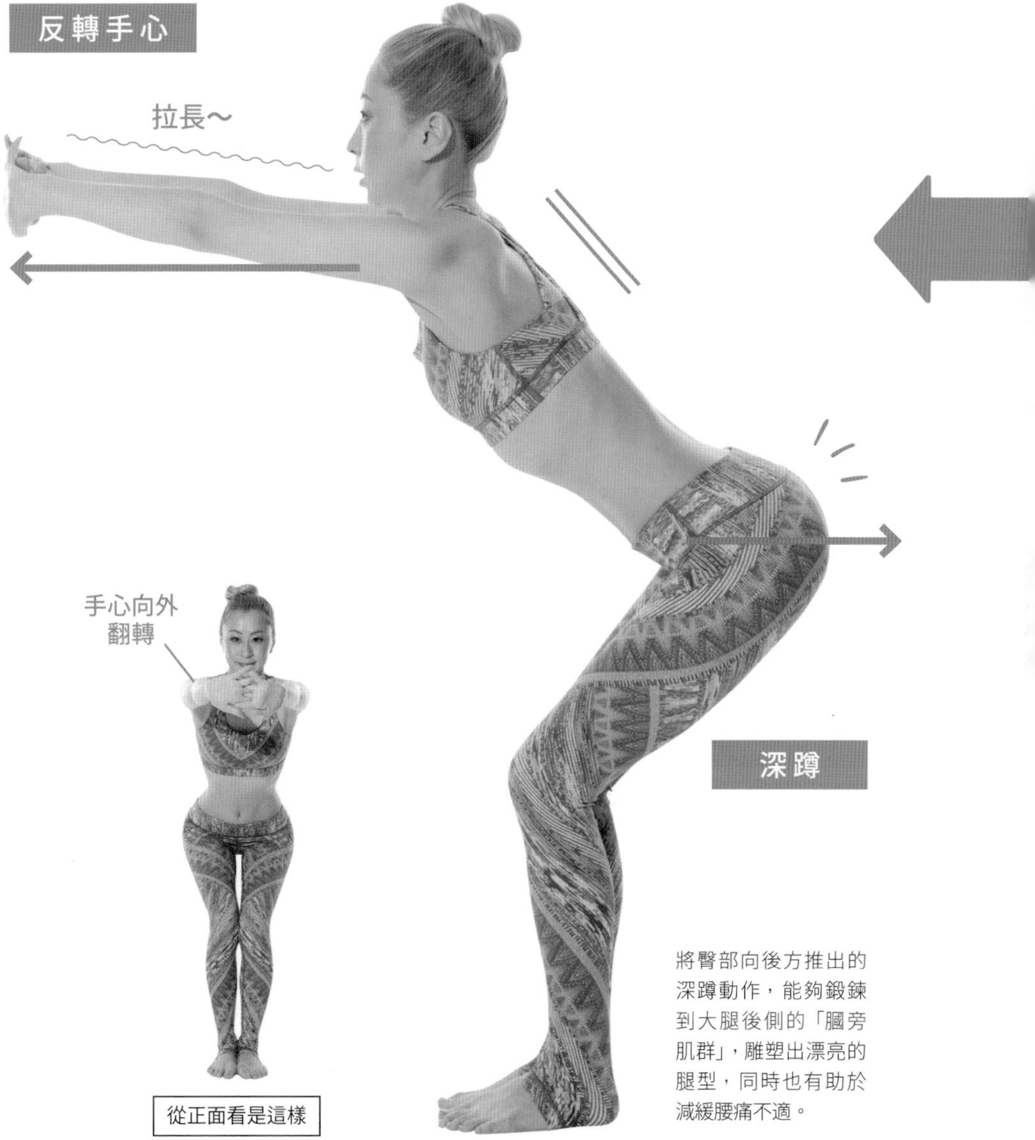

從正面看是這樣

將臀部向後方推出的深蹲動作，能夠鍛鍊到大腿後側的「膕旁肌群」，雕塑出漂亮的腿型，同時也有助於減緩腰痛不適。

練習「展臂式深蹲」時應該注意的重點

Point 1

保持雙膝併攏，不要分開

為了鍛鍊大腿內側的「內收肌群」，動作時務必保持兩個膝蓋對齊貼合。在身體還不習慣之前，膝蓋彎曲的程度很小也沒關係，專注於保持雙膝併攏不分開、做出臀部向後推的動作。

Point 2

不是屈膝半蹲，而是把臀部推出去

如果臀部不怎麼向後頂，膝蓋卻向前方突出、呈現屈膝半蹲的狀態，反而是大腿前側的肌肉受到刺激，會導致腿型變得粗壯不好看。留意膝蓋不要超出腳尖的位置。藉由臀部向後推出的動作，手臂也會自然向前延伸，比較容易找到重心取得平衡。

進階版

升級再強化！

扭轉展臂式深蹲

為了找回充滿女性魅力、凹凸有致的曲線，增加扭轉動作以強化腰腹部的「緊實S曲線」。手臂盡可能向遠方伸展，給予身體側邊強烈的刺激。

做法與基本的「展臂式深蹲」相同，但是手臂朝向斜前方延伸、充分地伸展體側，挖掘被隱藏和埋沒的側身曲線。動作重點在於只扭轉上半身，膝蓋保持朝向正前方、不要左右傾倒。左右交替練習。

肩胛骨伸展操

為了放鬆僵硬的背部，讓它變得柔軟有彈性，肌肉的橫向伸展也非常重要。想像成把一個大肉塊「去筋」的感覺，兩手肘向左右打開，把緊繃縮在一起的肌肉拉開吧。在體操的前後，先做肩胛骨伸展左右各10次。

首先，雙手十指交扣、「反轉手心」

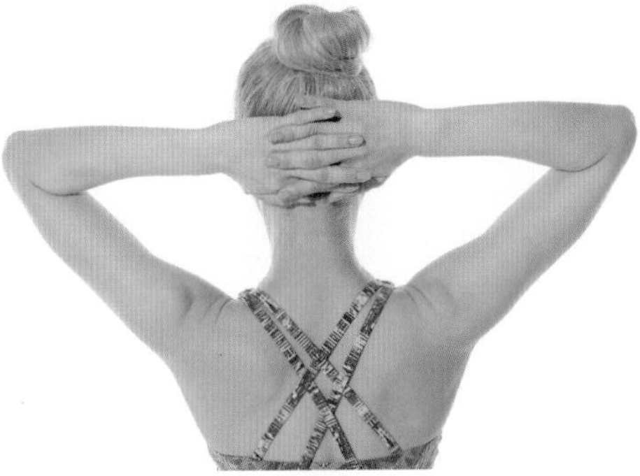

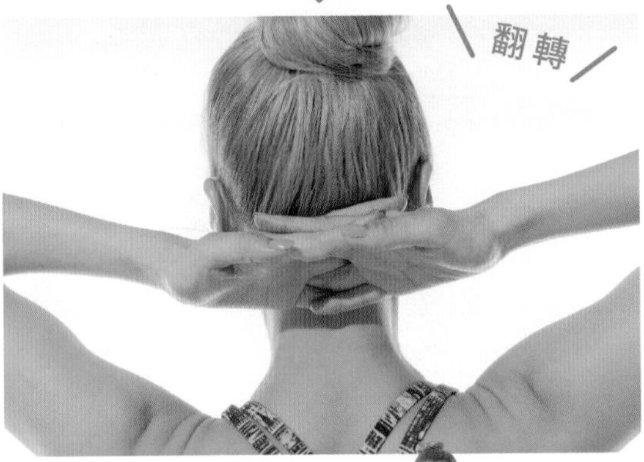

START

雙腳的腳跟、膝蓋內側互碰併攏，筆直站立。雙手放在頭部後面十指相扣，將手心反轉，手背輕輕地放在後腦勺上。動作重點在於手肘盡量向左右兩側打開。

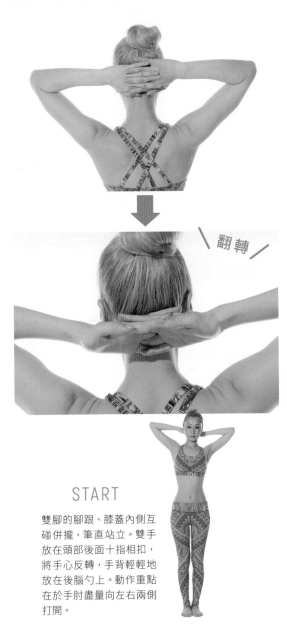

Stretch 1 上半身左右傾斜，使肩胛骨和緊繃的體側完全地伸展開來！

保持兩手肘打開的狀態，上半身橫向傾斜，左右交替。想像一下把肋骨下方至腰部周圍的僵硬肌肉拉長的感覺，充分伸展身體側邊，同步鍛鍊到能夠喚回曼妙曲線的「腹外斜肌」，長期被埋沒的腰線將會再次復活。

Stretch 2

更加大幅度地運動肩胛骨

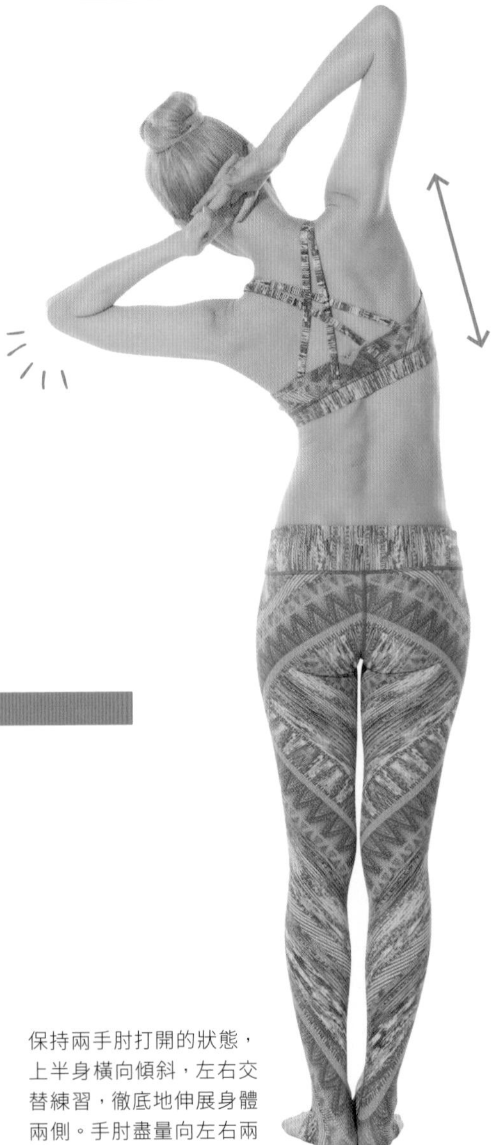

START

雙腳的腳跟、膝蓋內側互碰併攏，筆直站立。雙手放在頭部後面十指相扣，將手心反轉，手背輕輕地放在後腦勺上。動作重點在於手肘盡量向左右兩側打開。

保持兩手肘打開的狀態，上半身橫向傾斜，左右交替練習，徹底地伸展身體兩側。手肘盡量向左右兩側打開，保持胸口打開的狀態。

SIDE

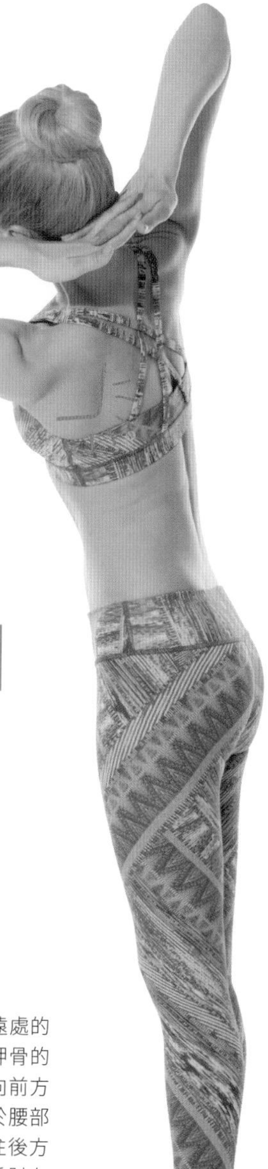

好像是要去按在正面遠處的開關一樣，力量從肩胛骨的底部出發，將左手肘向前方推出去。動作重點在於腰部不扭轉、右手肘不要往後方掉下去，全身只有左手肘在移動。藉由手肘向前推出的動作，可以刺激肩膀周圍的肌肉（例如「三角肌」或「肱三頭肌」）。左右交替練習。

從後面看是這樣

真好玩！身體自然就動起來了！

持續「ayayoga美體訓練」的祕訣

「早安～」舒展胸口之後，心情也變得明亮開朗，即使是練習比較辛苦的深蹲，身體也能夠自然動起來，這就是「ayayoga美體訓練」。即使是不擅長運動的人，就算只是嘗試做一次也好，我相信ayayoga必定能夠啟動你的幹勁。

1 早安體操 ＋ 2 展臂式深蹲

早安體操&展臂式深蹲

⇨ 1組

推薦方法 1

隨著自己喜歡的音樂，躍動一曲！

一邊聽著自己喜歡的音樂一邊活動身體，好心情也隨之高漲，比較不容易感覺到運動的辛苦。進行ayayoga時，可以選擇大約三分鐘左右的曲子來搭配運動節奏。「早安體操」和「展臂式深蹲」分別持續進行一分鐘以上，合計共三分鐘。當音樂結束時，身體也變得溫暖有活力。

推薦方法 2

不必在乎練習次數，只要想到它時去做就對了

假設規定自己每天要練習50次的話，在沒有達標的那一天，有人可能就會覺得「我辦不到」而放棄了，因此，ayayoga從一開始就沒有設定「要做○次哦！」的練習次數目標。即使一天只做一次也沒關係，總之，最重要的就是每天持續做下去。

推薦方法 3

身體適應之後，中途開始提升速度，開心&激烈地運動

即使是不擅長運動的人，只要每天堅持下去，身體也會習慣動起來。學會正確的動作之後，可以試著從歌曲的中途開始加快身體的動作節奏。光是提升速度、增加次數而已，應該就會讓人感覺到「好累哦」。另外，也可以加大動作的幅度，使鍛鍊的負荷力及效果更提升。

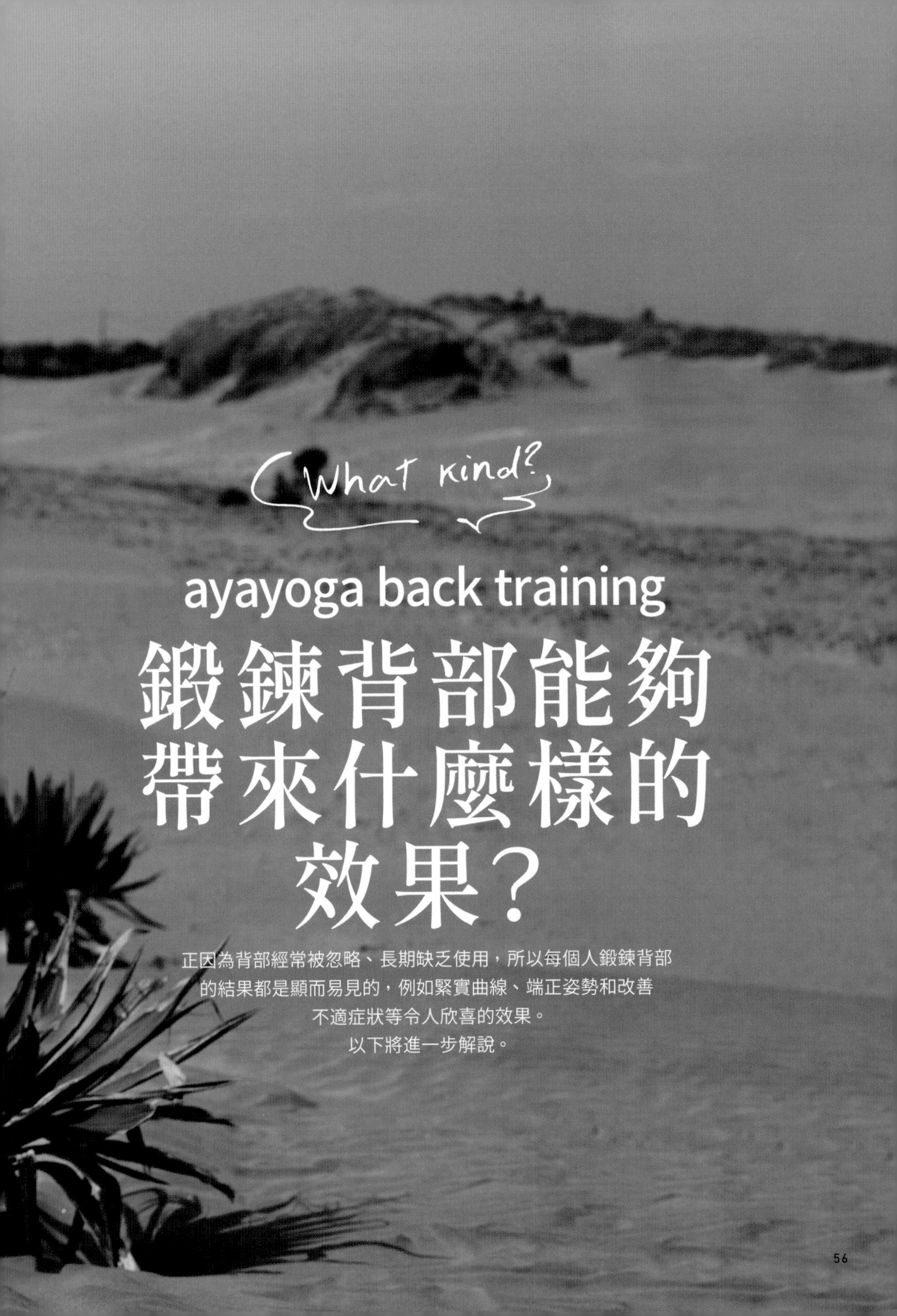

What kind?

ayayoga back training

鍛鍊背部能夠帶來什麼樣的效果？

正因為背部經常被忽略、長期缺乏使用，所以每個人鍛鍊背部的結果都是顯而易見的，例如緊實曲線、端正姿勢和改善不適症狀等令人欣喜的效果。
以下將進一步解說。

緊實纖腰！
身型小一號！
Hip Up!

整個身體的脂肪正在不斷地減少

位於背部的肌肉群非常龐大，不僅支撐著我們的身體，也和運動及呼吸等行為緊密相關。當你的背部習慣呈現卷曲、駝背的姿勢之後，將會導致肋骨外翻、內臟下垂、肥嘟嘟的肚子……。但是，既然有惡性循環的存在，就代表也有良性循環的存在。只要針對背部加以鍛鍊，背肌獲得伸展、肋骨回到正位之後，原本堆積在腰腹周圍的頑固脂肪也會逐漸減少消失。此外，之前因長期缺乏使用而僵硬成一大坨的肌肉，變得柔軟又靈活，血液循環也改善了，成為「容易燃燒、不容易胖」的易瘦體質。鍛鍊位於背部的大肌肉群，身體的熱量消耗力也會提升，能夠極有效率的瘦下來。

驚人的
51cm
極細腰圍！

2

使臀部緊翹上提、下半身輕盈變瘦

肌肉並不是一區一區的分開活動，而是許多肌肉相互連動、一起協同合作。如果鍛鍊背部、使背肌具有彈性及力量的話，位於背部下方的臀部也會因此向上拉提。若要舉例的話，就像是吊帶褲一樣。如果在背部穿上一組吊帶，不只改善姿勢、矯正骨盆歪斜的問題，連接脊椎和大腿的髂腰肌也能夠正常運作，腿型自然變得細長漂亮。

3

肩膀下放，臉變小

很少人知道，當肩胛骨的動作變得遲鈍時，肩膀會向上抬起，導致血液和淋巴流動不順暢、阻塞在頸部周圍，導致臉部顯得浮腫。同時，也會導致下巴不自覺地施力，使得腮幫子緊繃鼓起。只要刺激肩胛骨周圍、鍛鍊背部肌群，就能讓肩膀放鬆下沉，頸部顯得細長優雅。開胸動作可以幫助循環代謝、消除阻滯，使臉部線條提拉緊緻。

4

消除肩膀僵硬不適

如果長時間保持向前傾斜的姿勢，背部肌肉承受往前方拉扯的力量，對肩膀造成負擔。非常多人身上都有所謂的「圓肩」問題，不過，相反地只要懂得勤於使用背部，就可以恢復肌肉的柔韌度、改善血液循環不良，並且解決長期肩膀緊繃及僵硬不舒服的問題。「過去因為『五十肩』而無法舉起手臂，但是在鍛鍊背部之後，症狀真的減輕了不少！」也有人這麼說。

5

睡眠變得更深沉香甜

背部的肌肉，也與附著在肋骨周邊的肌肉有著非常緊密的關係。當我們開始頻繁使用背部之後，肋骨也逐漸恢復到正確的位置，我們會變得能夠深呼吸。深呼吸可調節自律神經，帶來放鬆身心的效果，睡眠品質也會大幅提升。

此外，還可以改善虛冷症狀，使人更容易入睡。

6 對於很難瘦的部位也有效果！

如同在前文的體驗者實踐報告(第26頁)中介紹過的，許多人在練習「ayayoga」之後上手臂明顯變細了。這是因為以「反轉手心」的做法促使肩胛骨更大幅度地帶動手臂的動作，肱三頭肌一併得到鍛鍊，因此一般減肥時很難瘦到的上手臂也會顯得纖細。同時，也有延展到體側肌群，練出漂亮的側腹線條。此外，背部肌肉的延展對於提升胸部堅挺度也有幫助。

ayayoga's

變得更漂亮的

美背保養 *Tips*

以ayayoga美體訓練來鍛鍊背部，終極目標就是擁有「充滿迷人魅力」的美背。「當我開始把目光放在背部上之後，才發現許多人完全疏忽了對於背部的保養，真的相當可惜。」因此，特別在這裡跟各位分享aya's私房美麗祕訣。

aya's Tips 1 “將意識專注於自己的背部，非常重要”

實在有太多人完全沒有正眼瞧過自己的背部一眼！我認為，這一點就是背部變得「很抱歉」的首要原因。照鏡子時，不僅要確認正面的模樣，同時也要檢視背面的姿態。請務必養成這個習慣。此外，有時候請家人或朋友幫忙拍下自己的背面照，從客觀角度來觀看自己也很重要！我自己平時也經常以照鏡子和拍照的方式來自我檢視。將上半身由右至左、由左至右的扭轉練習，能夠帶來「緊實S曲線」的效果。練習以「早安體操」和「展臂式深蹲」來活動背部的過程中，別忘了確認自己的背部有什麼樣的變化。

aya's Tips 2 “嚴禁「大力來回洗刷」！”

除了贅肉之外，一提到使背部「很抱歉」的代表性原因，絕對是痘痘。背部是一個會大量分泌皮脂和汗水、容易潮濕悶熱的部位。比起其他部位，這裡的皮膚更粗厚，各種污垢也很容易卡在毛細孔中。然而，卻因為有些地方雙手搆不到、也很難用眼睛確認，所以經常有洗不乾淨的狀況，導致粉刺或痘痘等不速之客的出現……，話雖如此，為了清潔而大力來回洗刷也會傷害皮膚。就我個人而言，平常不太會使用肥皂等清潔用品，而是直接以雙手溫柔地清洗身體，如果各位在洗澡時想要使用沐浴巾等產品時，建議選用觸感溫和的手巾(小方巾)輕輕地擦洗即可。以淋浴方式沖洗身體，避免髒汙殘留。

aya's Tips 3

“養成「用自己的手塗抹保濕品」的習慣”

有許多人重視清潔，在洗澡時會奮力洗刷身體，但是往往卻忽略了洗澡之後的保養工作。身體的肌膚其實就跟臉部肌膚一樣細膩敏感，所以千萬不要忘記保濕。建議各位養成天天使用潤膚凝露或乳液等保濕品的習慣，即使只是先以雙手碰觸得到的地方為範圍也沒關係。當你開始實踐「ayayoga美體訓練」來活動背部之後，身體的柔軟度會逐漸提高，雙手觸摸得到的範圍也會變大。終有一天，你也可以把潤膚保濕霜塗抹在自己整個背上！

aya's Tips 4

“以拳頭針對肋骨下方部位進行「熨斗按摩」，向贅肉說再見”

對於內衣下方溢出的「贅肉」，不只藉由「ayayoga美體訓練」來燃燒脂肪，同時也要以拳頭進行重點式按摩，慢慢地向它們告別。雙手握拳，使用第二指關節來按摩，就像熨斗一樣，撫平身上的凹凸不平或皺紋。剛洗完澡、擦潤膚凝露等保濕品的時候，也可以同步進行按摩，呵護肌膚既平滑又滋潤，真是一石二鳥。不只腋下和背部，連腰腹部位也一起按摩的話，還能夠刺激腸胃蠕動、緩解便祕的症狀哦。

aya's Tips 5

"內衣很重要。不要穿鋼圈胸罩來束縛身體"

你正在穿著尺寸不合的內衣嗎？為了使胸部在視覺上看起來更豐滿，刻意穿著小一號的胸罩，不只會使背部顯得一節一節、很不好看之外，更會因為肩胛骨受到壓迫，導致體內循環不順暢的狀況。還有，鋼圈胸罩也是造成血液循環不良的原因之一。雖然無鋼圈胸罩也很不錯，不過我基本上都是穿具有高度支撐力的瑜伽服上衣為主。高彈性的貼身瑜伽服很適合活動，又可以提供足夠的包覆感及支撐力。請各位去尋找能夠漂亮展現身型曲線並且不會對身體造成負擔的「夢幻內衣」吧！

aya's Tips 6

"有時候，不妨試著穿上背部鏤空的服裝"

有句話說：「因為會被別人看到，所以才會變美麗。」藉由偶爾大膽展現背部的方式，提升自己「必須變更美才行」的危機意識，當然就會更加努力去保養。平時總是一身瑜伽服的我，遇到必須打扮出門的日子，通常會刻意選擇背部鏤空設計的衣服。如果你是不敢或不喜歡穿露背服裝的人，不妨為自己設定一個目標，例如「為了亮麗出席某場婚宴」或「這個夏天挑戰一次露背裝！」等，都是不錯的做法。

ayayoga 美體訓練的基本和特徵

在瑜伽領域中有著各式各樣的派別，難度等級和運動量也大不相同。不過，我所實踐的瑜伽是屬於「運動派」，以配合現代人身體和生活、有效率地活動為目標。各位可以在短時間內舒服地飆汗，並且確實感覺到身體的變化。「ayayoga」是一套以我的瑜伽理論為基礎的瘦身運動，以下將為各位解說基本動作及特徵。

part 3

Why is it effective?

ayayoga絕對有效的理由，就是這個！

1 以具連續性、敏捷迅速的動作來鍛鍊身體

一提到瑜伽，或許大部分的人都會聯想到緩慢移動身體的運作方式，不過，我的瑜伽卻是在持續變化的動作之中進行。原因在於，透過使用身體深處的肌肉(深層肌肉)，能夠更有效率地鍛鍊軀幹。藉由持續動作、不斷出汗的有氧運動，達到燃燒脂肪的效果。

2 伸展關節，有助於大幅改善全身的循環代謝

ayayoga和一般伸展操的最大差別在於，它不只是鍛鍊肌肉，還要使用關節。將手臂上舉時會覺得關節部位卡卡不靈活的人，這就是身體「阻塞不順」的證據。淋巴流動不暢通、新陳代謝遲緩，使得身體成為難瘦體質。不只手肘和膝蓋，就連指關節也要完全伸展開來，才能有效促使體內循環代謝。

3 深呼吸，從內臟找回健康活力

雖然腹式呼吸是瑜伽的標準呼吸法，但是我在做瑜伽時使用的是「腹胸式呼吸」，這是一種由鼻子吸氣、混合腹式呼吸和胸式呼吸的做法。在鍛鍊肋間肌時，藉由呼吸法使內臟回歸至正確位置，內臟器官的運作變得更順暢，使得體內排毒變乾淨。肋骨也會逐漸上提，實現曼妙的腰腹曲線。

ayayoga theory

肌力訓練

＋

有氧運動

＋

瑜伽伸展

＝

充滿女性魅力、
柔軟有彈性的身體

cardio exercise

workout

stretch

ayayoga's Rule

以正確的站姿 找回均衡對稱的身體

如果背部的肉拱成一大坨，不只看起來缺乏自信，也會造成呼吸短淺、全身循環代謝不良的問題。保持端正姿勢，就是生活的基本原則！
記得使用背部肌肉、保持端正挺拔的站姿，讓自己擁有健康又美麗的身體吧！

・臉部和下巴向前凸出

・腰部向前塌陷

・大屁股

女性經常會出現塌腰的姿勢

一旦支撐身體的背部和骨盆周圍的肌肉衰弱無力，骨盆就會向前傾斜，導致腰部向前塌陷頂出、臀部上提的體態。此外，背部無法支撐沉重的頭部，加劇腰部負擔，還有肚子肥凸、大腿腫脹，全身的體型一點一滴慢慢崩壞。

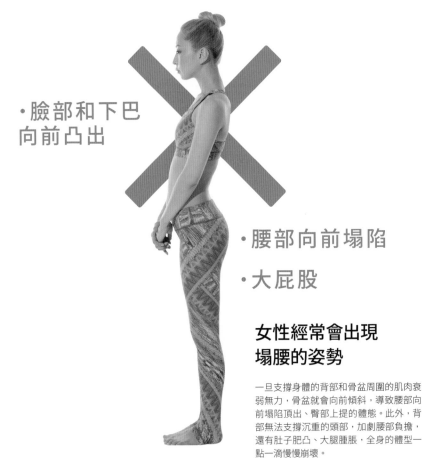

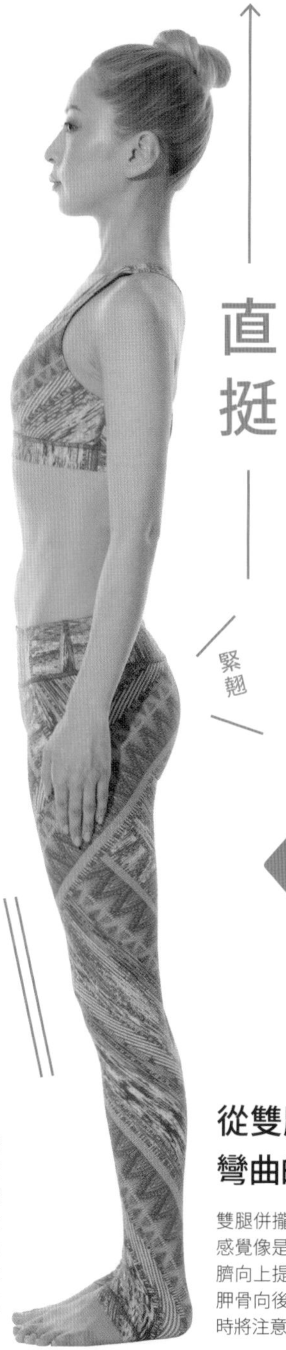

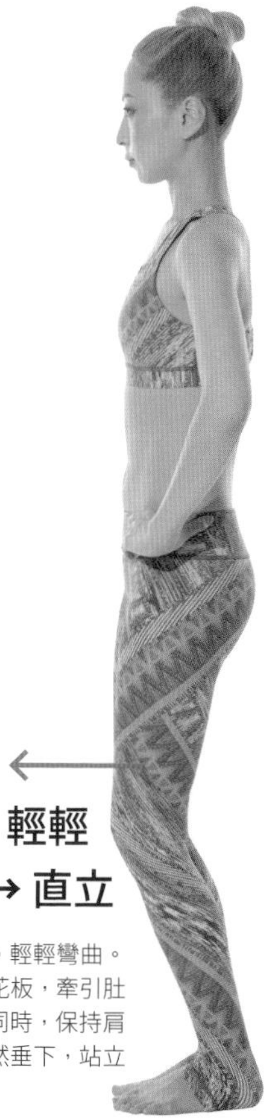

正確站姿的訣竅在於雙膝併攏、肩胛骨稍微向後拉的感覺。當你習慣以正確的姿勢站立，背部、骨盆周圍、腹部和腿部的肌肉也會逐漸回歸到正確的位置，自然形成優美的身型曲線。

從雙膝內側互碰、輕輕彎曲的姿勢開始 → 直立

雙腿併攏，兩個膝蓋內側互碰，輕輕彎曲。感覺像是有一條線往上拉到天花板，牽引肚臍向上提起，直挺挺地站好。同時，保持肩胛骨向後打開的感覺，手臂自然垂下，站立時將注意力放在背部。

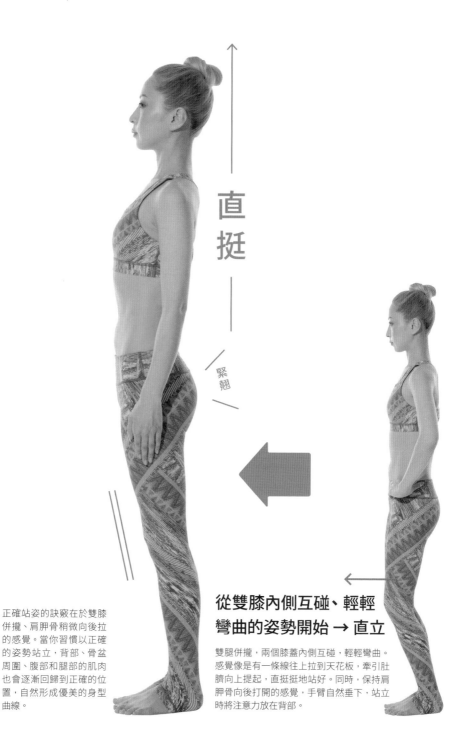

所有的關節「阻塞不順」

想要擁有充滿女性魅力的漂亮曲線，消除血液和淋巴循環的衰退阻滯、增加新陳代謝是非常重要的做法。尤其關節是特別容易阻塞的部位，盡可能地伸展到稍微有點刺麻的程度，加速循環暢通無阻

舉例來說，練習手臂伸展的動作時，要將十指張開到最大，從肩膀、手肘、手腕到指關節全部都充分伸展到。盡力伸展到最遠的地方，會感覺到手臂發麻、微微刺痛。在動作時意識到關節的存在和狀態，也是「ayayoga」 的特徵之一。

ayayoga's Rule

徹底伸展疏通

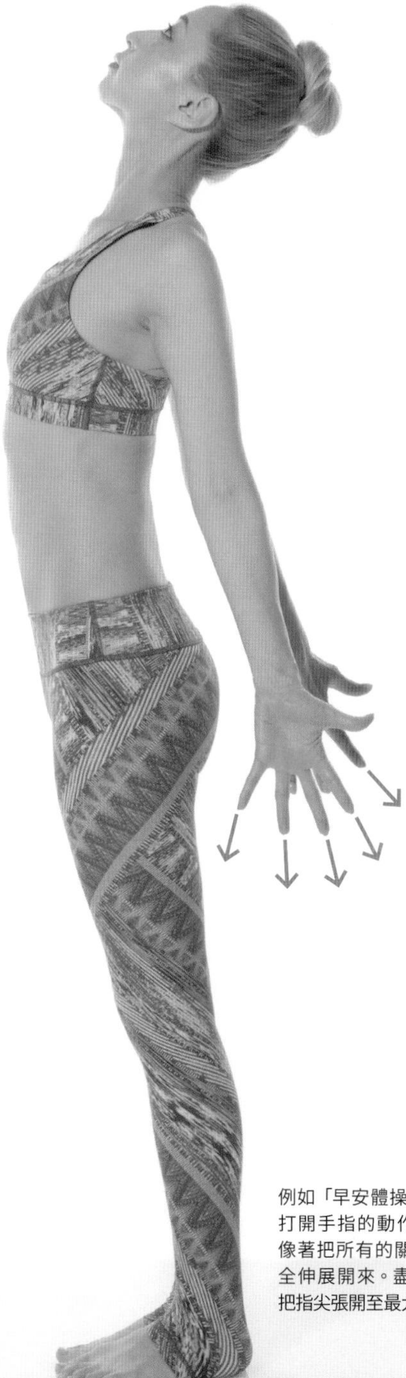

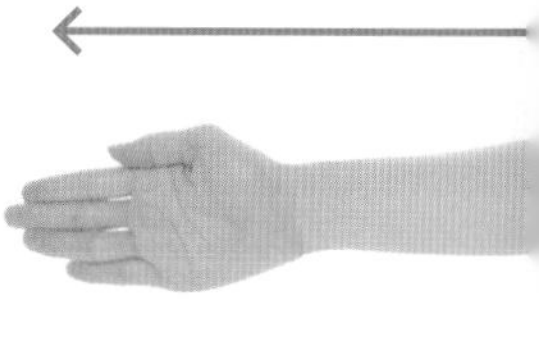

例如「早安體操」，練習打開手指的動作時，想像著把所有的關節都完全伸展開來。盡可能地把指尖張開至最大程度。

肋骨向外打開、外翻下垂的問題，是導致日本人絕大多數呈水桶體型的原因之一。這種肋骨的歪斜不正，可以藉由呼吸來矯正歸位。交替運用使用橫隔膜的「腹式呼吸」和使用肋間肌的「胸式呼吸」，在呼吸之間雕塑出緊實俐落的腰身曲線，還能同步提升代謝力，好處多多！

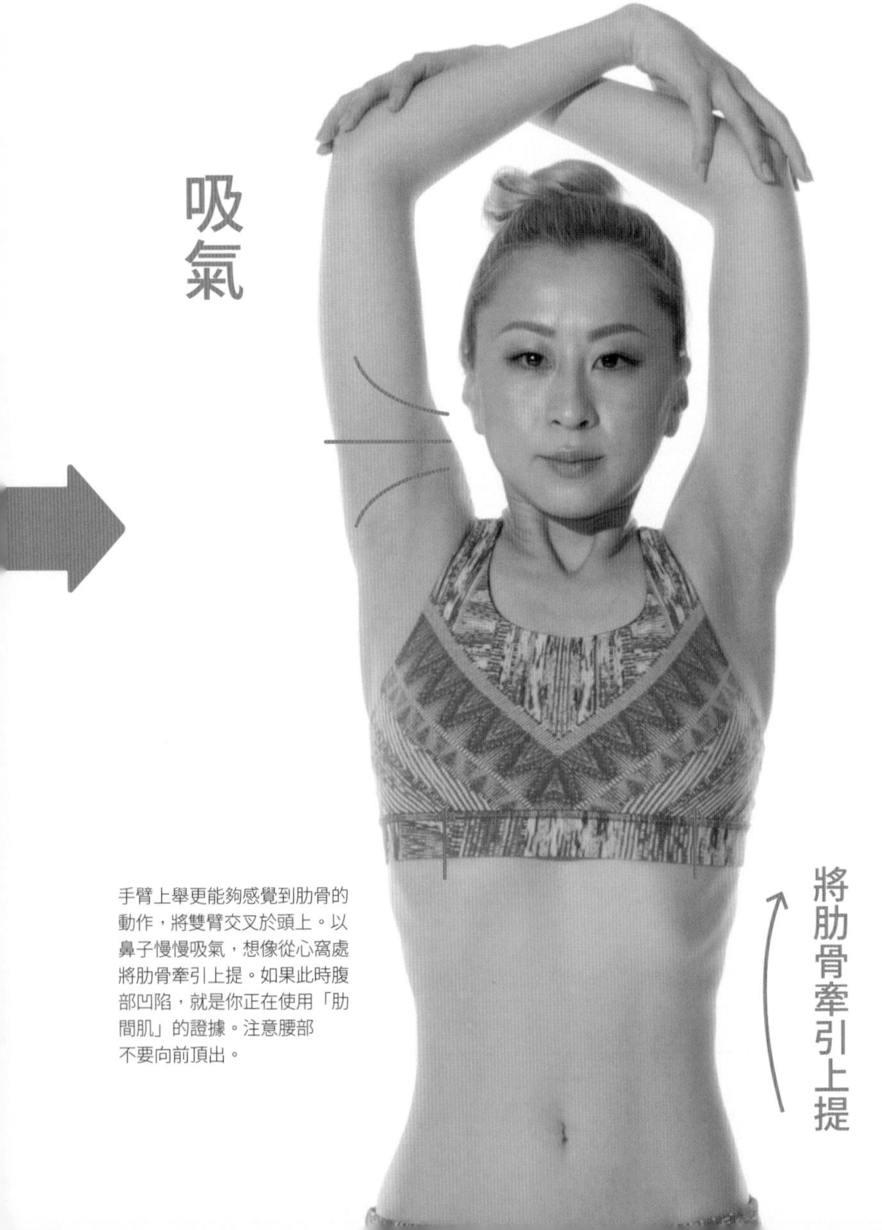

手臂上舉更能夠感覺到肋骨的動作，將雙臂交叉於頭上。以鼻子慢慢吸氣，想像從心窩處將肋骨牽引上提。如果此時腹部凹陷，就是你正在使用「肋間肌」的證據。注意腰部不要向前頂出。

ayayoga's Rule

肋骨上提 深呼吸，
腰圍曲線緊緻漂亮

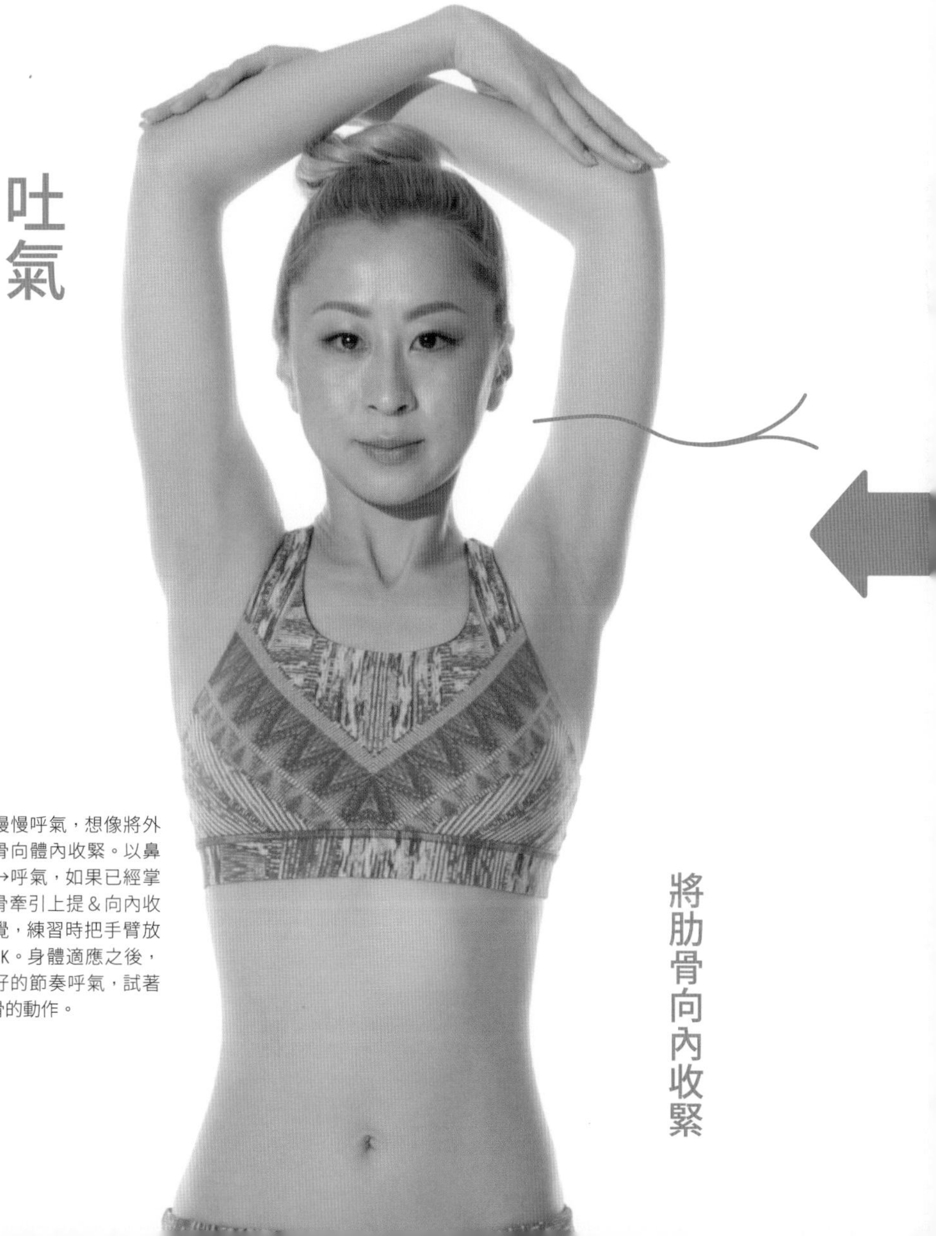

以鼻子慢慢呼氣，想像將外翻的肋骨向體內收緊。以鼻子吸氣→呼氣，如果已經掌握到肋骨牽引上提＆向內收緊的感覺，練習時把手臂放下來也OK。身體適應之後，保持良好的節奏呼氣，試著訓練肋骨的動作。

放鬆～

雙腿稍微打開站立，上半身向前下彎。就像是隨著微風的吹拂而搖曳，雙臂大大地左右擺動，促進全身的血液循環。訣竅是盡可能地放鬆上半身，特別是把肩頸的力氣完全放掉。

ayayoga's Rule

伸展關節之後，全身完全放鬆促進代謝

在練習瑜伽或運動之後，記得要放鬆疲勞的身體，讓身心「重新設定」是非常重要的習慣。上半身向前下彎，放掉全身的力氣，雙臂自然垂下，完全放鬆。不只能夠消除身體不適，血液循環也會變順暢。

part 4

\ ayayoga's /

日常起居的動作，也可以是鍛鍊運動

我們的身體一旦疏於使用，
就會日日不停衰退。除了所謂「做運動」
的時間之外，使肌肉意識到在日常生活
中有也許多「活動一下的好機會」，就是
身體持續變美、保持健康的祕訣。

「在我家裡，沒有放任何椅子」

每個人的身上都有肌肉。但是，如果長時間疏於使用的話，肌肉會慢慢地衰弱流失。雖然在我的生活中已經充滿了運動，不過，其實就算是在家裡，我也幾乎都是站著過生活。

還有，多抬高腳跟也很重要。這麼做的時候，可以伸展到膝蓋的後側、消除阻塞不順，同時也告訴骨盆周圍和腿部的肌肉「這裡是應該使用的部位喔！」啟動它們的運動開關。

一提到鍛鍊身體，應該有許多人會聯想到高強度、辛苦爆汗的「重量訓練」，不過，我認為在日常生活中持續給予肌肉刺激，才是擁有均衡美體的關鍵之鑰。

從起床到睡覺的一天之中，有無限多的機會可以喚醒肌肉。首先，試著去尋找那些時機吧！此刻、每一個瞬間的努力積累，將會成就出你未來的身體。

1

走路時

／ Walking ／

稍微抬起腳跟、彷彿浮在地面上，「輕盈地」走路

「每一步都是從腳尖邁出步伐的感覺」

走路時，整個腳掌啪、啪、啪的踏在地面上，不只不美觀，還很可惜。感覺像是有一條線往把身體向上拉到天花板，只要在走路時腳跟離開地面幾公分，身體就會自然地想要保持平衡，達到鍛鍊核心的效果。膝蓋後側也會自然地伸展拉長，有助於消解關節部位的阻塞不順。

② 站立時 / Standing /

搭電車時，不著痕跡地把腳跟上提一點點

「腳跟底部不要碰到地面，
稍微浮起來的感覺就可以了」

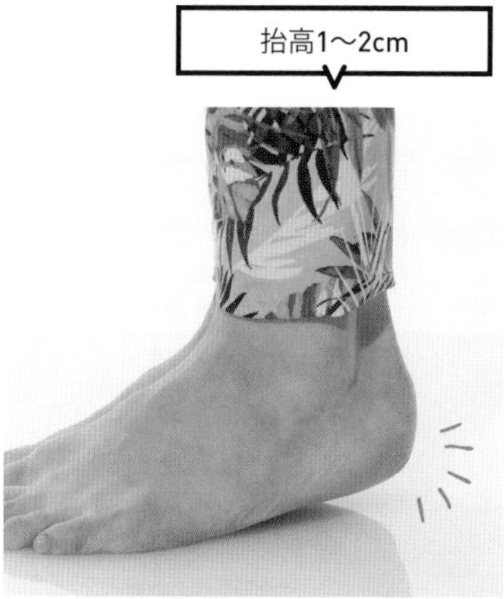

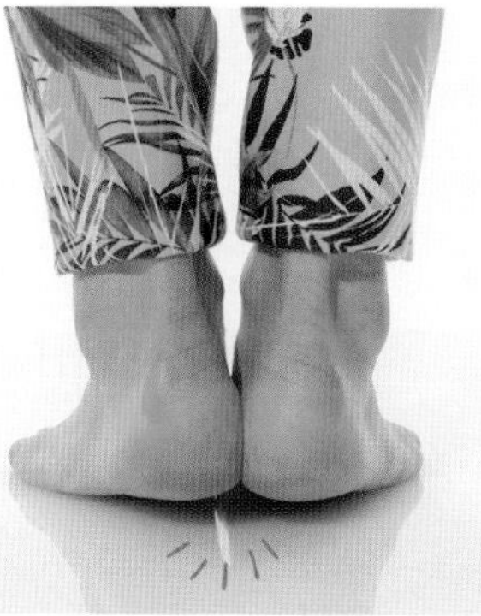

雖說是「腳跟上提」，但是不需要刻意高高地抬起腳跟，變成踮腳尖。只要使腳跟稍微離開地面約1～2cm即可。如果腳跟抬得太高，身體容易搖晃不穩定，使得大腿前側施力，膝蓋後側反而無法獲得伸展。拉吊環的時候，若是有意識地將肩胛骨放低，也能夠給予背部刺激。

③

坐著時

Sitting

爲了伸展並放鬆關節，坐著時請把雙腿伸直

「注意膝蓋不彎曲，
也要盡量避免
扭曲髖關節」

不時交換一下左右腳的上下位置

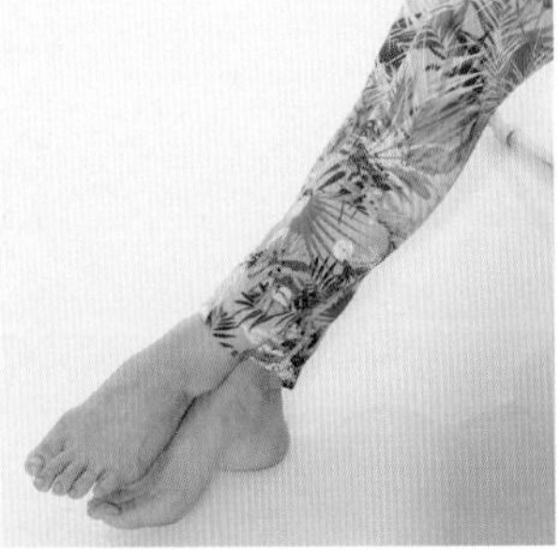

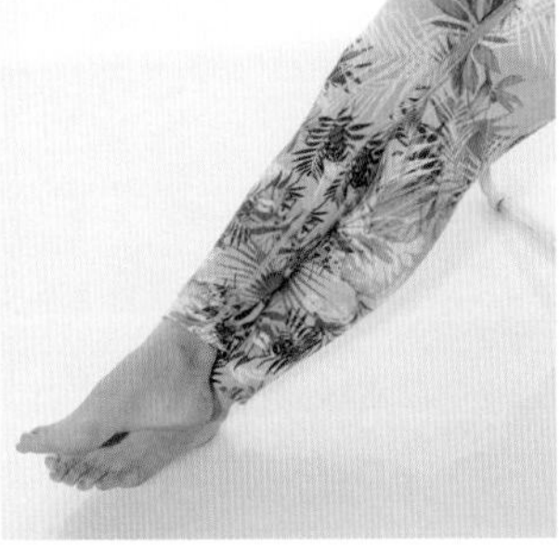

坐姿時，膝蓋後側的肌肉容易因緊繃而收縮，這種情況特別適合實踐ayayoga獨創的「伸展關節」動作。淺淺地坐在椅子上，雙腿向前方伸展，將一邊的腳踝交疊在另一邊腳踝上。消除阻滞腫脹，輕盈俐落！

④

拿東西時

Picking

雙膝併攏直立站好，從肩膀到手指尖，充分伸展拉長

「從肩胛骨出發帶動手部的大動作，營造出拿取遠方物品的情境」

刻意距離物品遠一點，從遠方延伸手臂過去取物，有益健康。提醒自己，從肩胛骨到指尖的每一個關節都要充分伸展到。若是保持雙膝併攏、筆直站立，體態也會得到修正。

「以雙膝併攏、腳跟上提的姿勢來撿拾物品」

雙膝的內側互碰、抬起腳跟，背部挺直不駝背，彎腰的動作感覺像是以腰部為支點將上半身往下折。手臂也是從肩胛骨到指尖的每一個關節都要伸展到，消除血液和淋巴流動的阻滯不順。

這個彷彿在彎腰起身時會聽到一聲「唉呦」的姿勢，非常NG。駝背姿勢會使腰部負擔變重，進而造成疼痛不適。若動作時兩個膝蓋分開，腿型會因此變差。

⑤

照鏡子時

／Looking at the Back／

徹底扭轉身體，每天確認自己背後的姿態

「雙手叉腰、扭轉身體的動作，使腰線大復活」

雙手叉腰，從肩胛骨帶動身體的扭轉。訣竅在於向右扭轉時，以左手輕輕地將骨盆順勢向前推。反之亦然。如果以駝背的姿態扭轉，只會對內臟器官造成壓力而已，請確實伸展你的背肌。

6
睡覺時
/ Sleeping /

以打開髖關節、雙手上舉的姿勢來放鬆全身

「張開手臂和大腿的根部，促使全身循環暢通非常重要」

採仰躺姿勢，雙膝彎曲、雙腿打開。伸展髖關節，改善阻滯、循環暢通。將雙手臂舉起高過頭，有助於上提肋骨，使一整天因重力而下垂的內臟回到正確位置！由於消化力提升、全身深度放鬆，容易入睡一夜好眠。

想要更努力！給這樣的你

ayayoga
上級體式

如果你已經習慣了「ayayoga美體訓練」那些動作簡單、卻能徹底鍛鍊背部和全身的體操，為了進一步擁有更加緊實漂亮的身型曲線，接下來的動作難度會升級。試著挑戰看看正宗的瑜伽體式吧！當然，這裡也要「反轉手心」。

除了提升對於背部的刺激之外，同時也能幫助你做到打開胸口、放低肩膀，更接近正確的體式。

part 5

ayayoga獨創

即使是基礎瑜伽體式，只要「反轉手心」

就能給予背部更強烈的刺激！

只是改變手心的方向而已，但是就連那些長年練習瑜伽的人也會感覺到「好辛苦！」，這就是「反轉手心瑜伽」。給予肩胛骨周圍更強烈的刺激，深度強化代謝力。

基礎式「合掌」

在瑜伽中經常出現雙手掌心相貼的「合掌」動作。這是一種表達感激和尊敬的姿勢，同時也具有身心達到平衡的意涵。

變化式「反轉手心」！

原本合掌的雙手改成十指交扣，再將手心反轉過來而已。有助於打開胸口，給予肩胛骨周圍更深度的刺激。不只背部，同時也會徹底使用到手臂內側的肌肉，運動量大增！

ayayoga上級體式I

英雄式

下半身・腹肌強化＋上半身伸展

雙腿大大地打開，充分伸展從腳踝至臀部的一連串肌群，達到強化大腿後側、臀部和骨盆周圍肌肉的效果。因為舉起手臂、伸展上半身的關係，能夠充分地使用到背部肌肉。

身體僵硬的人
就做
簡單版

手臂提起至肩膀的高度「反轉手心」

如果煩惱「手臂沒辦法向上抬高！」的人，可以先從肩膀的高度開始練習。即使手臂只是在肩膀的位置，只要做到盡力伸展，就能夠慢慢緩解肩胛骨周圍的僵硬緊繃， 使肩膀的動作變得流暢。待身體習慣之後，再慢慢地提升手臂的高度。

雙膝內側互碰，以端正姿勢站立。動作重點在於右腿向前踏出一大步，左腿的腳踝至臀部保持一直線，完全伸展開來。雙手十指相扣、反轉手心，雙臂向上方延伸，提起上半身。就像是把手心推向天空的感覺，手臂徹底地向上伸展。慢慢回到起始姿勢，換腳，以同樣的方式進行練習。比起合掌，採取「反轉手心」的姿勢可以給予背部和腋下更強烈的刺激。

ayayoga上級體式2

反轉側角式

腰線雕塑＋下半身強化＋姿勢矯正

這是一個對於雕塑腰腹部線條非常有效的體式。由於雙腿大幅度地打開，能夠活化髖關節周圍的柔軟度。練習這個體式時，很多人的肩膀容易聳起或蜷曲，藉由反轉手心自然地打開胸口，效果更強烈！

身體僵硬的人
就做
簡單版

保持上半身直立的狀態，由肋骨帶動扭轉

以上半身直立的狀態來進行扭轉。動作重點是在胸前反轉手心、手肘向兩側打開不閉合，不是扭轉腰部，而是從肋骨來帶動整個上半身扭轉的感覺。雙腿打開的幅度窄一點也OK。

左腿向前踏出一大步，右腿的膝蓋不彎曲、從腳踝至臀部保持一直線，完全伸展開來。雙手在胸前十指相扣、反轉手心，從肋骨帶動上半身向左扭轉。右手肘抵住左膝蓋外側，深呼吸。視線往斜上方看，臉部不要朝向地板。慢慢回到起始姿勢，換腳，另一邊也以同樣方式進行。

ayayoga上級體式3

鴿子式

腹部伸展＋核心強化

藉由反轉手心，使胸口完全打開，增加對背部的刺激，提高身體的靈活度和彈性。保持骨盆端正不歪斜，這個體式可以鍛鍊到髂腰肌、強化核心肌群，也有助於消除肩膀的緊繃和腫脹不適。

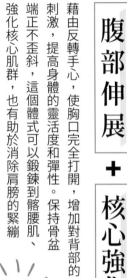

坐姿，右膝蓋向前彎曲，左腿向身體後方延伸。左膝蓋彎曲、小腿上提，將左腳尖靠放在左手肘上，停留。從肩胛骨帶動右手臂向後伸展，雙手在頭的後方十指相扣。接著，慢慢地將手掌心向外反轉，打開胸口，深呼吸。慢慢回到起始姿勢，換腳，另一邊也以同樣方式進行。保持骨盆端正不歪斜，避免腹部向前方垮下去。

身體僵硬的人
就做
簡單版

不必抬腿，只要徹底打開胸口就OK

坐姿，右膝蓋向前彎曲，左腿向後方彎曲膝蓋。雙手放在頭部後面十指相扣，手掌心向外反轉，上半身向左傾倒。藉由充分伸展腹部，達到刺激內臟器官的效果，使內臟運作更加活躍。

ayayoga上級體式4

站姿前彎式

腰部・手臂・背部伸展＋腹肌強化

藉由這個體式，能夠改善血液循環和淋巴流動、消除身體的阻滯不順。上半身向下前彎、頭部自然垂掛，將頸部和肩膀完全放鬆。此外，以「反轉手心」的方式來伸展手臂，能夠充分舒展到整個背部和整條手臂，軟化身體的僵硬緊繃。

身體僵硬的人
就做
簡單版

雙手在背面十指相扣，以「反轉手心」來刺激背部

無法把手往上舉的人，將手臂放在身體背面也OK。手臂向後舉，雙手十指交扣放在骶骨上方，接著反轉手心。多加練習，等身體適應之後就能夠漸漸舉起手臂。如果上半身很難向下前彎，請彎曲膝蓋。

雙腿打開約一個拳頭的距離，將臀部向天花板的方向推高，帶動上半身向下前彎。膝蓋可以保持稍微彎曲，使骶骨(骨盆的中心)獲得充分的伸展，上半身是從髖關節的位置深深向下彎曲的狀態。頸部不要用力、輕收下巴，雙手十指交握、反轉手心，將手臂直直地往身體前方延伸。大約深呼吸5次，接著回到起始姿勢。

aya's Massage 1

“對身體來說，肌肉和脂肪都是服裝。最重要的是「應該怎麼穿」”

一般人經常會說「打造曲線」，不過我認為「並不是打造，而是找回曲線」。身體本來就應該有曲線，可是，因為在肌肉之上穿著「多層次」的脂肪，才導致我們的自然曲線變得模糊不清。因此，藉由刺激那些許久未用而衰退、沉睡的肌肉，確實能夠喚醒並找回原有的曲線！「我想擁有六塊肌」也是同樣的道理。在肥胖凸出的肚子深處，其實隱藏著六塊肌，所以各位不必擔心。但是，對於冬眠中的肌肉，如果只是隨意敲門一下的話，絕對無法喚醒它們。一定要大聲叫喚無數次的「該醒來了！」肌肉才會開始有反應，所以，請每天勤奮不懈地刺激它們。當肌肉從冬眠中覺醒過來時，身上的多層次脂肪應該也會逐漸變薄消失。我們當然要讓一身肌肉漂亮地展現出來，否則太浪費了！

aya's Massage 2

“成熟大人的「美」，從站姿儀態之中流瀉而出”

「在我年輕時，雖然不到「濃妝豔抹」的程度，不過總覺得奔放俏麗才符合可愛或美麗的標準。只要順應當下的時尚趨勢、穿上自己喜歡的流行服飾，應該在某種程度上看起來都還算可愛，對於一些比較獨特、頗具個性的風格，自己的接受度也還算高。但是，隨著年齡的增長，漸漸地只留下對自己而言真正必要的物品，對於流行或妝容也變得以簡單風格為主。大家是不是也跟我一樣呢？當你不再熱衷於外在裝扮之後，身體就是你最重要、應該好好珍視的根基。此時，不只追求均衡且對稱的身體，就連姿勢和儀態舉止也成為美的評判標準。

只要懂得使用背部肌肉、以端正的姿勢站好，美人度就會瞬間提升。踏出輕盈步伐的走路姿態，令人覺得充滿自信、顯得年輕耀眼。

因為自己本身有成功減重20公斤、從胖嘟嘟的身型之中掙脫而出的經驗，在此與大家分享「如何實現美麗人生」的心得。

part 6

aya's Message

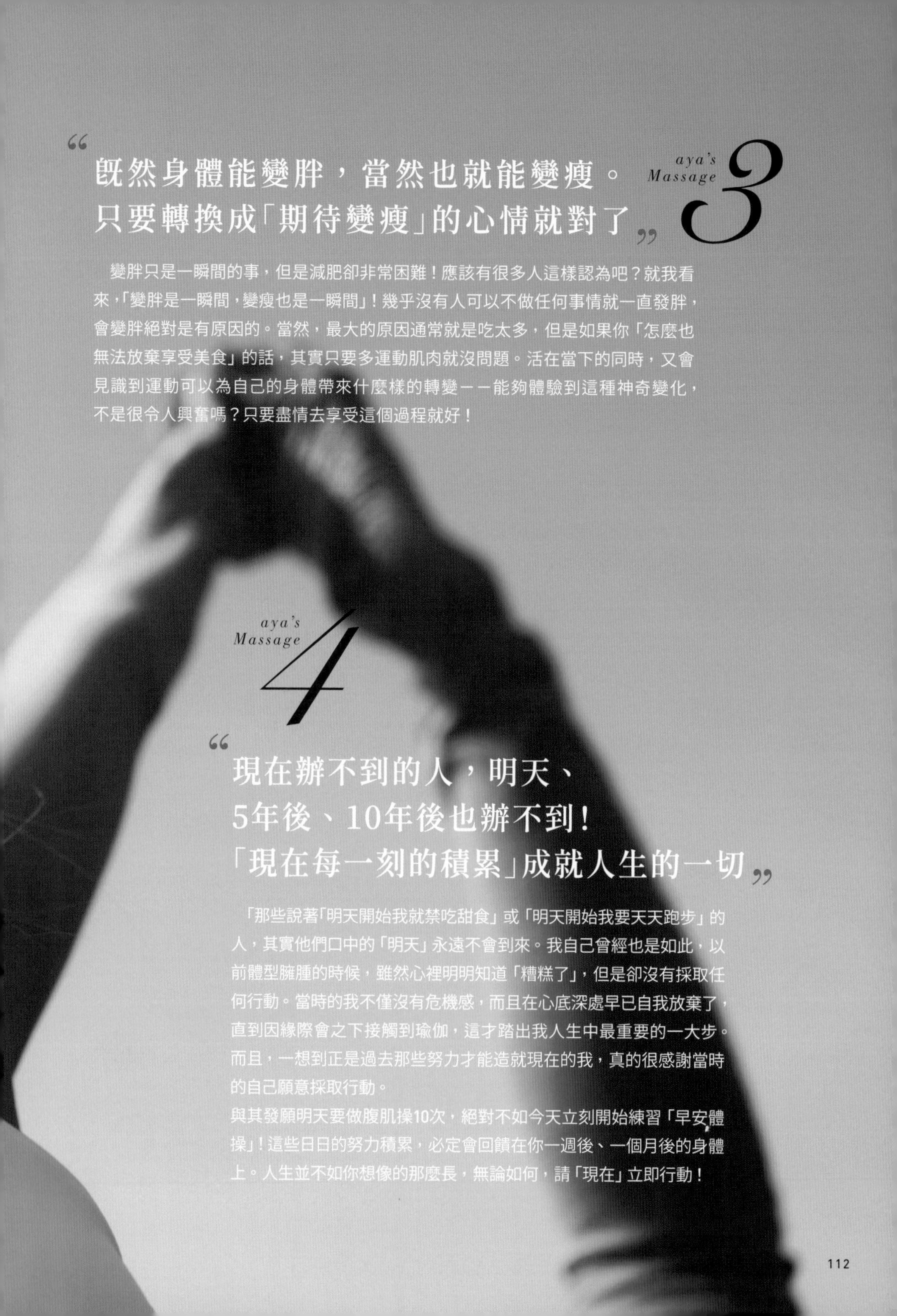

aya's Massage 3

“既然身體能變胖，當然也就能變瘦。只要轉換成「期待變瘦」的心情就對了”

變胖只是一瞬間的事，但是減肥卻非常困難！應該有很多人這樣認為吧？就我看來，「變胖是一瞬間，變瘦也是一瞬間」！幾乎沒有人可以不做任何事情就一直發胖，會變胖絕對是有原因的。當然，最大的原因通常就是吃太多，但是如果你「怎麼也無法放棄享受美食」的話，其實只要多運動肌肉就沒問題。活在當下的同時，又會見識到運動可以為自己的身體帶來什麼樣的轉變－－能夠體驗到這種神奇變化，不是很令人興奮嗎？只要盡情去享受這個過程就好！

aya's Massage 4

“現在辦不到的人，明天、5年後、10年後也辦不到！「現在每一刻的積累」成就人生的一切”

「那些說著「明天開始我就禁吃甜食」或「明天開始我要天天跑步」的人，其實他們口中的「明天」永遠不會到來。我自己曾經也是如此，以前體型臃腫的時候，雖然心裡明明知道「糟糕了」，但是卻沒有採取任何行動。當時的我不僅沒有危機感，而且在心底深處早已自我放棄了，直到因緣際會之下接觸到瑜伽，這才踏出我人生中最重要的一大步。而且，一想到正是過去那些努力才能造就現在的我，真的很感謝當時的自己願意採取行動。

與其發願明天要做腹肌操10次，絕對不如今天立刻開始練習「早安體操」！這些日日的努力積累，必定會回饋在你一週後、一個月後的身體上。人生並不如你想像的那麼長，無論如何，請「現在」立即行動！

aya's Massage 5

"如果你越接近健康的身體，自然而然也會越接近健康的生活方式"

在「ayayoga美體訓練」之中，對於飲食沒有設下任何特殊的限制。這是因為，就我個人的實際經驗來說，從限制飲食開始的瘦身方式通常都無法順利成功。忍耐不去吃心中真正渴望的食物非常痛苦，就算一時瘦下來也很容易導致反彈復胖。

比起飲食，第一步最重要的是讓身體動起來。慢慢地，當你發現自己「出現腰身」或「腿變纖細了」等肉眼可見的身型變化，接下來你的思維也會有所轉變，「什麼才是對身體好的食物？」，變得開始懂得挑選、享受更健康的食物。特別是已經歷經多次失敗復胖的人，即使只是一次嘗試也好，這次瘦身，就從身體動起來開始吧！

aya's
Massage
6

“與其懊惱吃了什麼，不如把重點放在怎麼消化排泄。面對自己的身體，思考如何選擇

明明自己一直努力運動身體，有時卻會突然出現讓人難以置信的「失控暴食」，大家應該都經歷過這種情況吧？但是，請不要因此就自認「我完蛋了」而選擇放棄。
我很喜歡吃甜食，也經常外食。但是，當我放縱自己享用美食的時候，我會留意要比平時攝取更多的水分（喝溫熱水）。我轉換了思考角度，把重點放在如何使吃下肚的食物順暢地排出體外。還有，看著菜單時，不是煩惱哪一道料理的熱量高，而是從考量「什麼料理能夠使身體更愉悅舒適？」的角度來做選擇。不必施加多餘壓力在自己的身體上，愉快地面對食物，才是最棒的飲食方式！

aya's Massage 7

"肯定自己「想要變美」的心情，
不需要有任何的害羞或尷尬。
相信自己，永不放棄！"

當年紀漸漸增長，在不知不覺之中，心中「想要變美」的念頭好像變成一件令人遲疑又害羞的事情。不過，只要是包包裡有放著一條口紅備用的女人，不管是誰，應該在心底深處都覺得「希望自己呈現出美麗的模樣」吧。從瑜伽課學生的身上，也可以察覺到這種細膩的女性心理。原本偏愛穿著寬鬆T恤的人，在身型逐漸變得緊實之後，通常都會換上比較合身、能夠展示身體曲線的服裝。隨著自己的持續進化，自信心也自然而然地建立起來。
處於這個「百年人生」時代之中，我們都要懂得以自在心態來享受年齡的增長，並且永遠不放棄「變美麗」這件事。共勉之。

想知道更多！

ayayoga Q&A

這一套「ayayoga美體訓練」的設計，是為了讓任何人都能夠練習。搶先一步體驗的學生們會提出不少疑問，統整在此一併回答，提供給各位作為持續練習的參考！

Q 我的身體筋骨非常僵硬，可以練習嗎？

A 練習「早安體操」時，只需要打開胸口、手臂向後方延伸而已。即使身體非常僵硬，也可以做出這個動作。長年未使用的背部可能變得相當緊繃，但是只要持續練習的話，就能夠恢復肌肉原有的靈活度和彈性。如果是做不到反轉手心的人，或是反轉手心時會覺得疼痛的人，建議前往醫院接受專業的醫療診察比較安心哦。

Q 我很容易半途而廢，應該怎麼做才好？

A 建議可以從「嘗試」練習「早安體操」開始，即使只是一次都好，例如刷牙前做一次、等紅綠燈時做一次……等，都是不錯的練習時機點。還有，如果自己一個人很容易偷懶的話，要不要試著跟家人或朋友約好一起練習呢？彼此比賽每天做了幾次、把練習成果分享到社群網站上，應該都能激發努力的幹勁。

Q 爲什麼「ayayoga美體訓練」不必設定任何的飲食限制？

A 這是因為一下子突然限制飲食，很容易令人感到沮喪挫折。比起節食，第一步最重要的是從活動身體開始，並且去觀察身體的各種細微變化。曾經身為胖子的我，實際的經驗是，當身體開始變化之後，其實自然就會改變對於飲食的態度。這就是為什麼我總是告訴我的學生：「如果真的很想吃，就去吃吧！」不過，「必須多思考應該吃什麼才好」。應該喝咖啡拿鐵，還是黑咖啡？應該選擇吃麵包，還是糙米？比起在意熱量，不如挑選能夠使當時的身體感到愉悅的食物。但是別忘了，現在的每一個選擇，將會成就你明天的身體。

Q 長時間練習「ayayoga美體訓練」也沒問題嗎？

A 想要改頭換面，練習一整套也沒關係！當然，我希望各位盡量多多練習，不過並不需要搶在短時間內一口氣做完所有體操。只要保持節奏地做「早安體操」一分鐘，你會發現整個身體暖和起來，有一種既痛快又舒服的疲憊感。只要呼吸沒有太急促或不舒服，都可以持續練習。

Q 嘗試練習之後，出現肌肉痠痛的狀況。我應該休息一下嗎？

A 肌肉痠痛是很常見的狀況。有些人會在第二天覺得痠痛，有些人則是到第三天才發現「好痛」。這都是以前沒在使用的肌肉受到刺激、確實有運動到的證據。「ayayoga美體訓練」並不是高強度的重量訓練，如果不是出現難以忍受的劇烈疼痛狀況，否則持續下去應該是沒有問題的。與其因為痠痛而休息一天，不如這天只要練習一次也好，「早安～」請打開胸口充分伸展吧。

Q 練習「ayayoga美體訓練」的體操或伸展操時，應該怎麼呼吸才對？

A 在習慣動作之前，不必太在乎姿勢位置和呼吸方式，只要讓身體嘗試活動起來、專注給予背部刺激即可，這是最重要的第一步。等到身體適應動作之後，再加入「以鼻子吸氣、以鼻子呼氣」的呼吸法，使橫膈膜和肋間肌大大地收縮、引導肋骨回到正確位置，有助於喚回緊實的腰部曲線。當動作和呼吸開始連動之後，在放掉力氣的時候，配合呼氣達到放鬆。

Q 我馬上就到花甲之年了，現在開始練習，身體還會改變嗎？

A 當然會！這次的體驗者中也有一位正值花甲之年的女士，在練習二週之後，不只各部位尺寸變小，整個身體的曲線也有顯著變化，直到現在仍然持續進化中。雖然，人的身體難免會因為年齡增長而退化，但是只要認真地鍛鍊肌肉，它絕對會給予我們正面的回報。此外，「展臂式深蹲」能夠針對腿部和腰部加強鍛鍊，也可以達到預防跌倒、腰痛和膝痛等問題的效果。不只是以瘦身為目的，同時也是為了健康長壽，請務必一試。

ayayoga *Epilogue*

「十年前的自己、現在的自己，你比較喜歡哪一個？」
——我可以馬上充滿自信地回答：「當然是現在的自己！」
即使再過十年，我相信自己還是能夠以相同的自信回答「最喜歡現在的自己」。

我經常被問到：「減重了 20 公斤，生活有什麼變化嗎？」其實，我的整個人生都改變了！不只工作，就連飲食方式、服裝的選擇等，全部都發生極大的轉變。
現在的我，總是站在人群的面前指導瑜伽練習，但是，其實過去的我甚至無法看著對方的眼睛與人交談。對於身型臃腫的自己，非常沒有自信。
雖然人們常說不能只看外表，不過，外表確實是非常重要。
沒有哪個女人被真心稱讚「你好美」時會覺得懊惱生氣，對吧？
對女人而言，「美麗」是一個充滿魔法的詞彙。在每個人心底，應該多少都抱持著「想要變美」的念頭，同時，每個人對於美的標準也不盡相同。
各位都是一顆顆的鑽石原石，經過打磨淬煉之後，將會閃閃發光。去想像未來自己想要成為的模樣、進而採取行動，就是開始變美麗的第一步。接下來，勤練「早安體操」和「展臂式深蹲」就是淬煉原石的方式之一。只要帶著自我激勵的心情、有意識地去活動長久未使用的背部，曼妙腰線和迷人翹臀都將在你身上實現。

瑜伽、運動，都是能使生活變得更豐富充實的工具。只要身體改變了，想法也會改變。當然，生活方式也隨之發生變化。

這次接觸「ayayoga美體訓練」的體驗者們，由於身體上的轉變，使他們自然而然也重新檢視飲食狀況和生活方式，例如「開始避免吃甜點」或「注意不要攝取過多的醣分」等。除此之外，有些人在日常生活之中開始留意呼吸方式和端正姿勢，也有人因為手臂或腰腹部位變得苗條，帶著喜悅的笑臉跟我分享：「挑選衣服變成令人開心的事了！」

就像這樣，什麼小事都好，希望各位去覺察那些細微又神奇的身體變化。「多練習了十次以上」或「身體冒汗了」――這些努力，將會成為你的自信來源。

我們很容易因為年紀的關係，告訴自己「現在才開始已經來不及了」，但其實那些都跟年齡完全無關。肌肉必定會正面地回報我們！

ayayoga Epilogue

好好地舒展胸口，心情也會因此開朗起來。沒錯，這就是貨真價實的「打開心胸」！

現在的自己，是由一路以來的各種選擇成就出來的結果。

人生，就是每個現在、每個瞬間的積累。

不是「明天再做」，而是「現在就做！」

如果當年的我在復健期間沒有選擇「去做瑜伽試看看」，現在的我也不會像這樣站在大家面前了。

闔上這本書之後，請打開胸口、大聲地打招呼「早安！」，為你的背部帶來一些刺激吧。這就是邁向明天的第一步。

如果各位也覺得「幸好遇見ayayoga，真是太棒了！」或「真慶幸自己努力鍛鍊了背部！」，那將是我無上的榮幸。

ayayoga

What aya wears...

※商品所標示的皆是日圓價格（稅外）。

黑色連身舞衣¥10,000／Chacott

透視感BRA TOP、線透視瑜伽褲／未販售之參考商品， 以上lululemon（lululemon GINZA SIX）

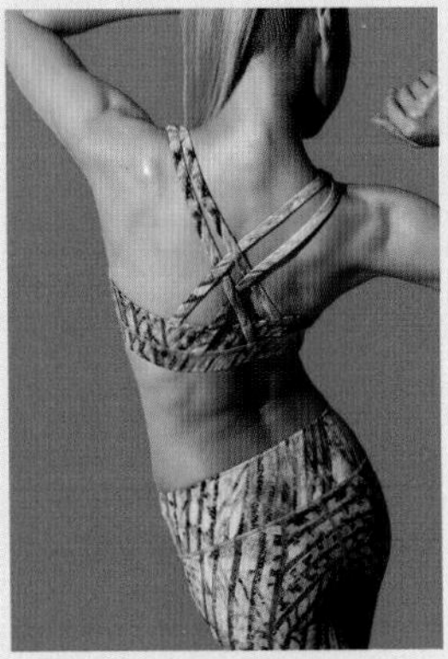

粉色瑜伽BRA TOP¥7,200、瑜珈褲 ¥14,200／以上lululemon（lululemon GINZA SIX）

荷葉袖上衣 ¥18,000、 粉色BRA TOP ¥10,000、 粉色連身舞衣 ¥8,500／以上DANSKIN（GOLDWIN Customer Center）・涼鞋¥ 17,000／DIANA（DIANA銀座本店）
17,000／ダイアナ(ダイアナ 銀座本店)

黑色繞頸連身舞衣¥ 8,200／Chacott

白色天絲小裙襬假兩件背心 ¥11,389、經典中腰九分瑜伽褲 ¥15,186／以上easyoga（easyoga Japan）

白色瑜伽BRA TOP ¥7,500／lululemon (lululemon GINZA SIX)
丹寧長褲／造型師私物

藍色瑜伽BRA TOP ¥7,200、瑜伽褲 ¥ 14,200／皆為lululemon（lululemon GINZA SIX）

Shop list

easyogaJapan
☎03-3461-6355

GOLDWIN Customer Center
☎0120-307-560

DIANA銀座本店
☎03-3573-4005

Chacott
☎0120-919-031

lululemon GINZA SIX
☎03-5537-5387

aya

瑜伽創作者，開設瑜伽工作室「sharaaya」。過去在美國留學時曾遭遇交通事故，為了復健而開始接觸瑜伽，練習三個月之後不僅身體狀況恢復，同時也成功大幅減重。「想不想看見自己最完美的體態？」因為當時瑜伽老師的這一句話而受到觸動，轉而全心投入瑜伽領域之中，精進哈達、流瑜伽、八肢瑜伽、希瓦南達瑜伽等各大流派，以成為瑜伽導師為職志。獨創融合古典芭蕾、健身、呼吸法等技巧的訓練計畫，兼具「瑜伽（伸展）、肌力訓練、有氧運動」的所有要素，建立起「絕對令人改頭換面！」的好口碑，每個月約200堂課程預約總是迅速額滿，成為一位難求的超人氣教室。

aya精心設計的訓練計畫，不僅旨在傳達學習瑜伽的樂趣，也會根據每位學員的不同個性及身體條件給予適切指導，使學員的表現與能力獲得明確進步，從初學者至專業運動員一致好評，並且深受許多女演員及模特兒的信賴肯定。在持續關注並進修世界各瑜伽趨勢之餘，aya也是頗具知名度的美容專家，目前也參與化妝品及美妝用品的產品研發企畫。書籍作品有《30日遇見一生一次的完美體態》(暫譯，一生に一度のパーフェクトなカラダに出会う30日）(日本KADOKAWA出版）、《自我肯定的瑜伽》(暫譯，自己肯定ヨガ）(日本主婦の友社出版）。

Japaness staff

裝幀・版面設計／西岡大輔、上杉勇樹、中澤愛美、齋藤樹奈、渡邊萌（ma-h gra）攝影／曽根将樹（PEACE MONKEY）
伊東祐輔（體驗者的部分）(PEACE MONKEY)
造型／豊島優子
妝髮／松田美穂
經紀／宮島萌、呉藤里香（avex management）
構成／田中希
採訪・撰文／岩淵美樹
責任編輯／中島由佳子（主婦之友社）

背後齡：健身美型的最後拼圖，1日3分鐘X2週「反轉手心」就能剷除背肉、矯正駝背，還能減齡10歲！

作　　者／aya
主　　編／蔡月薰
企　　劃／倪瑞廷
翻　　譯／楊裴文
美術設計／楊雅屏
內頁編排／郭子伶

第五編輯部總監／梁芳春
董事長／趙政岷
出版者／時報文化出版企業股份有限公司
108019 台北市和平西路三段 240 號 7 樓
發行專線／（02）2306-6842
讀者服務專線／0800-231-705、（02）2304-7103
讀者服務傳真／（02）2304-6858
郵撥／1934-4724 時報文化出版公司
信箱／10899 台北華江橋郵局第 99 信箱
時報悅讀網／www.readingtimes.com.tw
電子郵件信箱／books@readingtimes.com.tw
法律顧問／理律法律事務所 陳長文律師、李念祖律師
印 刷／和楹印刷股份有限公司
初版一刷／2020 年 12 月 11 日
定　　價／新台幣 360 元

ISBN 978-957-13-8436-8 | Printed in Taiwan |

時報文化出版公司成立於一九七五年，並於一九九九年股票上櫃公開發行，
於二〇〇八年脫離中時集團非屬旺中，以「尊重智慧與創意的文化事業」為信念。

背後齡：健身美型的最後拼圖，1日3分鐘X2週「反轉手心」
就能剷除背肉、矯正駝背，還能減齡10歲！/Aya作.
-- 初版. -- 臺北市：
時報文化出版企業股份有限公司, 2020.12
面；　公分
ISBN 978-957-13-8436-8(平裝)

1. 塑身 2. 健身運動
425.2　　109016875

一気にくびれる ayayoga 背中革命